제병관리사
필기시험문제집

BnC world

제병관리사 자격검정
필기시험 대비서

제병관리사
필기시험문제집

김재현 외 지음

한국떡류식품가공협회

목차

제병관리사 시험안내

○ 검정과목 및 합격기준

구분	시험과목	문제유형	합격기준
필기	제병이론학, 식품재료학, 식품영양학, 생산관리학(원가관리학), 식품위생학	객관식 60문항	60점 이상
실기	**자유품목 1문항** ※ 사전에 찹쌀로 만든 1제품 시험당일 제출	과제형	60점 이상
	지정품목 1문항 ※ 백설기, 쑥설기, 오색설기, 꿀설기, 멥쌀시루떡, 녹두편, 찰시루떡, 반찰시루떡, 동부찰편, 약식, 완두설기, 쑥개떡, 콩주먹떡, 녹두호박찰떡, 손절편, 바람떡, 꿀송편, 인절미, 찹쌀떡, 오색경단, 수수팥단자, 화전 중 1품목 출제	작업형	

○ 응시자격

떡 제조에 관심이 있고, 떡 제조 전문자격을 취득하기 원하는 자

○ 응시원서 교부 및 접수

· 원서교부 : 협회 중앙회 및 각 시도지회, 시군구 지부,
　　　　　　www.kfdd.or.kr → 제병관리사 자료실 응시원서 다운로드

· 원서접수 : 협회 내방, 우편, 이메일(kfdd@hanmail.net) 접수

· 응시수수료 : 필기 – 50,000원
　　　　　　　실기 – 150,000원
　　　　　　　입금계좌 – 국민은행 093401-04-196975 한국떡류식품가공협회

○ 시험일정

홈페이지(www.kfdd.or.kr) 참조

○ 문의

한국떡류식품가공협회 02-929-2434

제1편***
제병이론학

제1장 떡의 개요

1. 떡이 만들어진 시기로 추정하는 때는?

① 삼국시대 이전   ② 통일신라시대

③ 고려시대   ④ 조선시대

2. 신라시대 백결선생이 가난하여 세모에 떡을 치지 못하자 거문고로 떡방아 소리를 내어 부인을 위로했다는 기록이 있는 고서는?

① 삼국사기   ② 삼국유사

③ 정창원문서   ④ 영고탑기략

3. 『삼국사기』에서는 유리와 탈해가 '이것'을 깨물어 잇자국이 많은 사람이 왕위를 계승했다고 전한다. '이것'은 무엇인가?

① 사과   ② 떡

③ 엿   ④ 고구마

> **⊙ 참고**
> 삼국사기의 신라본기에서는 남해왕 서거 후 유리와 탈해가 서로 왕위를 사양하다가 탈해가 유리에게 말하기를 "왕위는 용렬한 사람이 감당할 바 못되며, 듣건대 성스럽고 지혜로운 사람은 이(齒)가 많다고 하니 시험을 하여 결정하자"고 제의했다. 그리하여 두 사람이 떡을 깨물어 본 결과, 유리의 치아 수가 많아 유리가 왕위에 올랐다는 기록이 있다.

4. 신라 소지왕 때 임금의 생명을 구해준 까마귀의 은혜를 갚기 위해 만들었다는 음식은?

① 율고   ② 약과

③ 약식   ④ 오병

5. 쌀가루 경단을 꿀물에 넣고 실백을 띄운 것으로『목은집』에서 "백설같이 흰 살결에 달고 신맛이 섞였더라"라고 설명한 이 떡의 이름은?

① 율고   ② 수단

③ 상화   ④ 애고

6. 농업기술과 조리가공법의 발달로 전반적인 식생활 문화가 향상된 시기로 이에 따라 떡의 종류와 맛도 더 한층 다양해진 시기는?

① 고려시대   ② 조선시대

③ 해방 후   ④ 일제시대

해답   1.①   2.①   3.②   4.③   5.②   6.②

7. 『음식방문』에서 "백미 정히 쓿어 떡가루로 가는 체에 쳐서 꿀물 진히 타서 버무리되 삶은 밤과 대추씨 발라 넣어 버무려 쓰라"고 한 떡은?

① 유고　　　　　　　　　　　　② 막우설기

③ 남방감저병　　　　　　　　　　④ 기단가오

8. 감설기에 밤, 귤병, 계피가루, 잣, 꿀을 더해 만든 떡으로, 『규합총서』에서 맛이 차마 삼키기 안타까워 '이것'이라 부른 떡은?

① 꿀감설기　　　　　　　　　　② 꿀편

③ 석탄병　　　　　　　　　　　④ 두텁떡

9. 이수광의 『지봉유설』에 기록된 청애병이란?

① 쑥설기　　　　　　　　　　　② 느티떡

③ 쑥구리단자　　　　　　　　　④ 쑥절편

10. 『시의전서』에 기록된 감저병은 찹쌀가루에 무엇을 섞어 만드는 떡인가?

① 감자가루　　　　　　　　　　② 고구마가루

③ 마가루　　　　　　　　　　　④ 연근가루

11. 전통음식에서 '약'자가 들어가는 음식의 의미는?

① 순수한 재료의 맛을 즐기는 음식이다.

② 갖은 양념이 들어간 음식이다.

③ 꿀과 참기름이 들어간 음식이다.

④ 먹으면 치료가 되는 음식이다.

12. 두텁떡을 표현한 말 중 옳지 않은 것은?

① 합병　　　　　　　　　　　　② 봉우리떡

③ 후병　　　　　　　　　　　　④ 석탄병

13. 전통 두텁떡에 대한 설명이다. 옳지 않은 것은?

① 쌀가루를 간장으로 간을 한다.

해답　7.②　8.③　9.①　10.②　11.③　12.④　13.④

② 궁중의 대표적인 떡이다.

③ 합병 또는 봉우리떡 이라고도 한다.

④ 쌀 8kg에 소금 10g 정도가 적당하다.

14. 감가루를 섞어 자줏빛이 나고, 삼키기 아까울 정도로 맛있는 떡이라 하여 이름 붙여진 떡은?

① 석탄병
② 당귀떡
③ 혼돈병
④ 신과병

15. 다음 떡 이름 중 서로 다른 하나는?

① 와거병
② 상추시루떡
③ 부루편
④ 백자편

16. 말린 고구마 가루와 찹쌀가루를 섞어 시루에 찐 떡은 무엇인가?

① 석탄병
② 남방감저병
③ 나복병
④ 서속떡

17. 다음 떡에 대한 설명 중 틀린 것은?

① 복령, 승검초 등 여러 약재를 넣어 건강식으로 이용한다.

② 쑥, 오미자 등 천연 색소를 이용하여 다양한 색을 낼 수 있다.

③ 백설기, 봉치떡 등은 통과의례에서 각각 의미를 가진다.

④ 떡의 역사는 비교적 짧다.

18. 떡과 지역이 잘못 짝지어진 것은?

① 경기도 – 모시송편

② 강원도 – 감자녹말송편

③ 충청도 – 호박송편

④ 평안도 – 조개송편

19. 떡을 뜻하는 한자가 아닌 것은?

① 餅
② 䭏
③ 瓶
④ 糕

20. 다음은 떡에 관련된 사자성어이다. 이 중 실현 가능성이 없는 허황된 계산을 하거나 헛수고로 애만 씀을 이르는 사자성어는?

① 화중지병(畵中之餅)　　　　② 적구지병(適口之餅)

③ 옹산화병(甕算畵餅)　　　　④ 오병이어(五餅二魚)

> ◎ **참고**
>
> 쓸데없는 계산만 하는 독장수가 지게에 독을 얹고 길을 가다가 길가에서 잠시 낮잠을 자게 되었다. 큰 부자가 된 꿈을 꾼 독장수는 얼씨구나 좋다고 펄쩍펄쩍 뛰다가 지게 목발을 건드려 그만 독을 깨트리고 말았다. 이를 가리켜 생긴 사자성어가 옹산화병이다.

21. 다음은 떡에 관련한 속담이다. 이 중 '어설프게 한 일은 곧 나쁜 결과를 가져온다는 것'을 이르는 속담은?

① 호박떡도 더워서 먹어야 한다.　　② 선떡이 부스러진다.

③ 밥 위에 떡이다.　　　　　　　　④ 떡 가지고 뒷간 간다.

22. 물편이란?

① 물을 충분히 내려서 찐 떡이다.

② 도병이라 하며 물을 축여가며 찧는다는 뜻이다.

③ 끓는 물로 반죽하여 만든 떡이다.

④ 시루떡 이외의 모든 떡을 이르는 말이다.

23. 다음 중 다른 의미를 갖는 단어는?

① 설기떡　　　　　　　　② 무리떡

③ 커떡　　　　　　　　　④ 버무리

24. 다음 중 발효를 시켜 만드는 떡은?

① 주악　　　　　　　　　② 웃지지

③ 부꾸미　　　　　　　　④ 증편

25. 증편에 대한 설명 중 옳지 않은 것은?

① 기주떡 또는 술떡이라고 한다.

② 여름에 먹는 떡이다.

③ 상화병이 본래 명칭이다.

④ 찌는 모양에 따라 명칭이 달라진다.

해답　20.③　21.②　22.④　23.③　24.④　25.③

26. 증편의 다른 이름이 아닌 것은?

① 기주떡   ② 상화병

③ 술떡   ④ 쉼떡

27. 증편의 발효 조건 중 옳지 않은 것은?

① 쌀가루는 고운체에 곱게 내린다.

② 무살균 탁주를 이용한다.

③ 설탕은 발효할 수 있는 효모의 영양분이 된다.

④ 발효온도는 50~60℃가 적당하다.

28. 다음 떡에 대한 설명 중 옳지 않은 것은?

① 멥쌀가루에 생콩가루를 섞어 떡을 하면 콩의 단백질이 식감을 부드럽게 해준다.

② 물내리기를 할 때 찐단호박을 넣으면 선명한 노란색 떡이 만들어진다.

③ 증편을 짧은 시간 안에 발효시키려면 물의 양을 줄이고 막걸리 양을 늘린다.

④ 더운 여름 증편이 과발효 되었을 때에는 찹쌀가루를 더 넣어 농도를 맞춘다.

29. 찹쌀이나 멥쌀을 시루에 쪄 만든 밥을 표현한 것 중 옳지 않은 것은?

① 고두밥   ② 술밥

③ 지에밥   ④ 진밥

30. 다음은 증병에 대한 설명이다. 옳지 않은 것은?

① 곡물을 가루내어 시루에 안치고 솥 위에 얹어 증기로 쪄내는 떡이다.

② 일명 시루떡이다.

③ 떡의 모양에 따라 설기떡과 켜떡이 있다.

④ 켜떡을 무리떡이라고도 한다.

31. 다음 중 각색편이 아닌 것은?

① 백편   ② 석이편

③ 꿀편   ④ 승검초편

32. 다음 중 삼색별편이 아닌 것은?

① 송기편   ② 송화편

③ 흑임자편   ④ 매실백편

해답   26.②   27.④   28.④   29.④   30.④   31.②   32.④

33. 다음 중 찌는 떡으로만 짝지어진 것은?

① 고치떡, 산병, 당귀떡

② 혼돈병, 두텁떡, 석이병

③ 인절미, 석탄병, 백설기

④ 송편, 수수부꾸미, 석류병

34. 다음 중 찌는 떡이 아닌 것은?

① 상화병

② 증편

③ 석이병

④ 좁쌀인절미

35. 굳은 다음 썰어놓은 모양새가 마치 편육을 썰어 놓은 것 같다 해서 이름 붙여진 떡으로 부산 지역에서 모두배기떡이라 일컫는 떡은?

① 쇠머리떡

② 구름떡

③ 석이병

④ 두텁떡

> **◎ 참고**
> 쇠머리떡은 찹쌀가루만 쓰면 더디 익어 멥쌀을 1/5 정도 섞어 만들기도 한다. 부산 지방에서는 모두배기떡이라 하여 장마 전 묵은 곡식을 전부 꺼내 만들어 먹었다.

36. 찹쌀가루에 밤, 대추, 콩, 팥 등을 섞어 버무려 시루에 찐 찰무리병을 충청도에서는 무엇이라 하는가?

① 삭병

② 모두배기

③ 모듬배기

④ 쇠머리떡

37. 다음 중 도병이 아닌 것은?

① 가래떡

② 경단

③ 인절미

④ 개피떡

38. 다음 중 찹쌀떡에 대한 설명으로 틀린 것은?

① 떡의 당도는 앙금의 당도와 맞춘다.

② 유화제를 과량 사용하면 윗면이 갈라진다.

③ 물엿은 떡을 촉촉하게 하기 위해 총 당량의 30%까지 넣는다.

④ 아밀라아제 과다 사용 시 시간이 지나면 제품이 풀이 된다.

39. 다음 중 치는 떡이 아닌 것은?

① 차륜병

② 인절미

③ 고치떡

④ 석이병

해답 | 33.② 34.④ 35.① 36.④ 37.② 38.③ 39.④

40. 집청꿀에 넣었다가 경아가루에 묻혀 담고 꿀을 부어 먹는 물경단은 어느 지방의 향토 떡인가?

① 평양   ② 전주

③ 개성   ④ 진주

41. 다음은 고치떡의 설명이다. 옳지 않은 것은?

① 고치떡은 찹쌀가루로 만든다.

② 여러 색을 들여 누에고치 모양으로 만든 떡이다.

③ 막 잠이 든 누에를 잠박에 올려 고치짓기를 기다리며 만들던 떡이다.

④ 양잠이 잘되기를 기원하고, 또 양잠하는 사람의 노고를 위로하는 뜻이 담겨 있다.

42. 쌀가루를 익반죽 하여 콩, 깨, 밤 등을 소로 넣고 조개처럼 빚어 시루에 솔잎을 깔아 쪄낸 떡은?

① 송편   ② 산병

③ 재증병   ④ 토란병

43. 찹쌀가루나 수수가루 등을 익반죽하여 동그랗게 빚어 콩고물이나 깨고물을 묻힌 떡은?

① 단자   ② 경단

③ 송편   ④ 인절미

44. 찹쌀가루를 익반죽한 뒤, 반대기를 만들어 끓는 물에 삶아 꽈리가 일도록 쳐 적당한 크기로 빚어 고물을 묻힌 떡은?

① 인절미   ② 경단

③ 단자   ④ 닭알떡

45. 지지는 떡으로 철따라 진달래꽃, 장미꽃, 감꽃, 황국화 등의 갖가지 꽃잎을 얹어 계절의 정취를 즐기는 떡의 이름은?

① 화전   ② 감떡

③ 토란병   ④ 석류병

46. 찹쌀가루 반죽에 꿀에 버무린 깨나 대추를 소로 넣고, 송편 모양으로 작게 빚은 뒤 기름에 튀겨내어 꿀에 재웠다 쓰는 웃기떡은?

① 주악   ② 단자

③ 경단   ④ 꿀송편

해답   40.③   41.①   42.①   43.②   44.③   45.①   46.①

47. 경단을 만드는 방법으로 옳지 않은 것은?

① 경단을 삶을 때 떠오르면 바로 건진다.

② 경단을 삶을 때 떠오른 뒤 찬물을 조금 넣어 다시 떠오를 때까지 기다린다.

③ 건져낸 떡에 설탕을 뿌려 두면 수분이 빠지면서 고물도 잘 묻고 보존기간이 길어진다.

④ 찹쌀가루에 끓는 물을 넣어 익반죽한다.

48. 제주도의 오메기떡에 대한 설명 중 틀린 것은?

① 차조가루에 끓는 물을 섞어 익반죽 한다.

② 반죽을 20g씩 떼어 둥글납작하게 빚고, 가운데 구멍을 낸다.

③ 삶다가 떠오르면 찬물을 약간 넣어 다시 떠오르면 건진다.

④ 차조와 멥쌀을 섞어서 만든다.

49. 다음 중 삶는 떡이 아닌 것은?

① 오메기떡   ② 닭알떡

③ 단자   ④ 부편

50. 찹쌀가루나 차수수가루를 익반죽하여 지진 후 소를 넣고 반을 접어 붙여 모양을 낸 떡은?

① 부꾸미   ② 메밀주악

③ 국화전   ④ 노티

51. 다음은 노티떡의 설명이다. 틀린 것은?

① 추석 명절쯤 만들어 성묘 때도 쓰고 일 년 내내 두고 간식으로 먹는 떡이다.

② 설에 만들어 보름 때까지 먹는 떡이다.

③ 기장이나 수수를 찹쌀에 섞기도 한다.

④ 노티떡은 지지는 떡이다.

52. 다음 중 지지는 떡으로만 묶인 것은?

① 빈자병, 차조기전병, 노티떡   ② 수수부꾸미, 섭전, 부편

③ 국화전, 개성주악, 개성경단   ④ 웃지지, 감떡, 오메기떡

53. 수수부꾸미를 만드는 방법으로 옳지 않은 것은?

① 수수는 쌀보다 단단한 성질을 가지고 있다.

② 반죽에 막걸리를 넣으면 숙성이 되면서 부드러워 진다.

③ 반죽에 막걸리를 넣으면 노화가 연장이 되고 변색을 방지하는 효과가 있다.

④ 수수부꾸미는 찌는 떡이다.

54. 명절에 따로 차려 먹는 음식은 절식, 계절에 특별히 마련하는 음식 또는 시절에 맞춰먹는 음식은 시식이라 한다. 그렇다면 '동지팥죽'은 무엇이라 하는가?

① 화채시식   ② 동지시식

③ 동절기식   ④ 납향절식

55. 예로부터 우리민족의 4대 명절이 아닌 것은?

① 설날   ② 정월대보름

③ 한식   ④ 추석

56. 다음 중 절일과 절식이 잘못 연결된 것은?

① 한식 – 쑥떡   ② 초파일 – 느티떡

③ 단오 – 차륜병   ④ 추석 – 삭일송편

57. 명절에 먹는 절식이 잘못 연결된 것은?

① 설날 – 첨세병   ② 상원 – 개성주악

③ 중화절 – 노비송편   ④ 삼짇날 – 진달래화전

58. 계절과 떡이 잘못 연결된 것은?

① 봄 – 쑥떡, 느티떡   ② 여름 – 수리취떡, 깨찰편

③ 가을 – 감떡, 물호박떡   ④ 겨울 – 화전, 호박고지떡

59. 설날의 풍경을 설명한 것으로 잘못된 것은?

① 시루떡을 쪄서 올린 뒤 신에게 빌고, 삭망전에 올리기도 하였다.

② 일제 때는 음력설을 말살하고자 떡방앗간을 섣달그믐 전 1주일 동안 영업을 금하였다.

③ 떡국은 꿩고기를 넣고 끓이는 것이 제격이나 꿩고기가 없는 경우에는 닭고기를 넣고 끓였다. 그리하여 '꿩 대신 닭'이라는 말이 유래되었다.

④ 사람들은 떡국에 나이를 더 먹는 떡이라는 뜻의 가세병(加歲餠)이라는 별명을 붙이기도 하였다.

60. 『열양세시기』에서 전하는 풍습으로, 설부터 3일 간 아는 이에게 반갑게 '승진하시오', '생남하시오' 등 남이 바라는 바를 인사와 함께 전하는 것을 무엇이라 하는가?

① 덕담   ② 세배

③ 세찬   ④ 하례

해답   54.②   55.②   56.④   57.②   58.④   59.②   60.④

『열양세시기』에서 전하기를, 설부터 3일 간 길거리에 많은 남녀들이 떠들썩하게 왕래하는데, 울긋불긋한 옷차림이 빛났다. 아는 사람을 만나면 반갑게 '새해에 안녕하시오' 하고, '올해는 꼭 과거에 급제하시오', '부디 승진하시오', '생남하시오', '돈을 많이 버시오' 등 좋은 일을 들추어 하례했다.

61. 다음은 설날에 쓰이는 용어이다. 잘못된 것은?

① 설날 사당에 지내는 제사를 차례라 한다.

② 설날 아이들이 입는 새옷을 세장이라고 한다.

③ 설날 어른들을 찾아뵙는 일을 세배라 한다.

④ 설날 대접하는 시절음식을 세찬이라 하고, 이에 곁들인 술을 약주라 한다.

62. 다음 명절과 잘못 연결된 떡은?

① 정월대보름 – 약식

② 설날 – 가래떡

③ 추석 – 송편

④ 동짓날 – 팥경단

63. 다음은 음력 2월 1일의 명절을 말하는 것이다. 의미가 다른 하나는?

① 중화절

② 하리아드랫날

③ 노비일

④ 머슴날

64. 삼짇날에 대한 설명으로 옳지 않은 것은?

① 삼사일 또는 중삼절이라 하고 음력 3월 1일을 말한다.

② 꽃이 필 때 남녀노소가 각기 무리를 이루어 하루를 즐겁게 노는 화전놀이가 있었다.

③ 진달래꽃으로 화전, 녹두가루 반죽을 꿀에 타 잣을 넣어서 먹는 화면을 즐겼다.

④ 집안의 우환을 없애고 소원성취를 비는 신제를 지냈다.

65. 다음의 시에서 시어가 가리키는 것이 잘못 연결된 것은?

> 작은 시냇가에서 솥뚜껑을 돌에다 받쳐
> 흰가루와 맑은 기름으로 진달래꽃을 지져내누나.
> 젓가락을 집어 들고 부쳐 놓은 떡을 먹으니
> 향기가 입에 들어 일 년 봄빛을 뱃속에 전하네.

① 솥뚜껑 – 번철 또는 솥뚜껑

② 흰가루 – 멥쌀가루

③ 부쳐 놓은 떡 – 진달래화전

④ 그 시기의 절일 – 삼짇날

66. 진달래화전의 다른 이름이 아닌 것은?

① 진달래꽃전　　　　　　　　② 두견화전

③ 참꽃전　　　　　　　　　　④ 진달래설기

67. 다음은 화전에 대한 설명이다. 틀린 것은?

① 화전의 반죽은 약간 진 것이 좋다.

② 진달래가 없는 계절에는 대추와 쑥갓을 대신 얹어 떡을 지지기도 한다.

③ 찹쌀가루에 메밀가루를 섞어 진달래와 장미를 넣어 지지기도 한다.

④ 진달래 대신 들깻잎을 넣고 지지면 찹쌀가루에 향이 배어 맛이 더욱 좋다.

68. 화전을 할 때 계절에 적합한 꽃으로 잘못 짝지어진 것은?

① 봄 – 진달래　　　　　　　　② 여름 – 장미

③ 여름 – 코스모스　　　　　　④ 가을 – 국화

69. 한식(寒食)의 절식이 아닌 것은?

① 한식면　　　　　　　　　　② 메밀국수

③ 쑥떡　　　　　　　　　　　④ 화면

70. 한식날, 나라에서는 종묘와 각 능원에 제향하고, 민간에서는 여러 가지 주과를 마련하여 차례를 지내고 성묘를 한다. 무덤이 헐었으면 잔디를 다시 입히고, 묘 둘레에 나무도 심는다. 그러나 한식이 3월에 들면 '이것'을 하지 않는다고 하였다. '이것'은?

① 성묘　　　　　　　　　　　② 개사초

③ 개자추　　　　　　　　　　④ 한식묘

71. 초파일에 먹는 불가의 떡으로 어린 잎을 멥쌀가루에 섞어 거피팥고물을 얹어 찐 떡은?

① 봉치떡　　　　　　　　　　② 느티떡

③ 화전　　　　　　　　　　　④ 상추시루떡

> ◇ **참고**
> 느티떡은 시기가 조금만 지나도 느티나무 잎이 억세어져 음력 사월 초에만 맛볼 수 있는 떡이다.

72. 다음에서 초파일의 절식이 아닌 것은?

① 느티떡　　　　　　　　　　② 장미화전

③ 석남엽병　　　　　　　　　④ 환병과 산병

해답　66. ④　67. ④　68. ③　69. ④　70. ②　71. ②　72. ④

73. 다음에서 같은 떡이 아닌 것은?

① 단오떡   ② 수리취절편

③ 차륜병   ④ 장미화전

74. 유두는 무엇의 준말인가?

① 동류두목욕   ② 유두연

③ 유두천신   ④ 유두잔치

75. 다음에서 유두의 절식이 아닌 것은?

① 흰떡수단   ② 증편

③ 상화병   ④ 밀전병

76. 유두일의 절식으로 밀가루를 술로 반죽하여 소를 넣고 빚어 찐 떡은?

① 상화병   ② 밀전병   ③ 석탄병   ④ 해장떡

77. 삼복에 대한 설명 중 잘못된 것은?

① 복날은 해에 따라서 중복과 말복 사이가 20일이 되기도 하며 이를 올복이라고 한다.

② 초복, 중복, 말복을 통틀어 이르는 말이다.

③ 삼복에는 주로 삼계탕과 수박을 먹는다.

④ 삼복에 먹는 떡으로는 증편, 주악이 있다.

78. 칠석날, 아기의 장수를 기원하는 칠성제에 올린 떡은?

① 증편   ② 복숭아화채

③ 밀애호박부꾸미   ④ 백설기

> **◎ 참고**
> 칠석(음력 7월 7일)은 견우와 직녀가 까마귀와 까치들이 놓은 오작교에서 1년에 1번씩 만났다는 전설에서 비롯되었다. 처녀들은 견우성과 직녀성을 보고 바느질 솜씨가 늘기를 빌고, 선비와 학동들은 두 별을 제목으로 시를 지으면 문장을 잘 짓게 된다고 하여 시를 지었다. 또한 술과 떡, 안주를 준비하여 놀고 풍물 판굿을 꾸려 마을 축제를 벌였다. 아낙들은 아기의 장수를 기원하면서 칠성제를 지냈다.

79. 이 날은 음력 7월 15일로, 그해 농사가 가장 잘 된 집의 머슴을 뽑아 소에 태워 마을을 도는 '호미씻이'와 노총각 머슴을 장가 보내주는 풍습이 있었다. 이날을 불가에서는 무엇이라 하는가?

① 백종일   ② 중원

③ 망혼일   ④ 우란분절

해답   73.④   74.①   75.②   76.①   77.①   78.④   79.①

80. 추석에 노래와 춤, 놀이를 행하는 것을 무엇이라 하는가?

① 팔월대보름   ② 추석날

③ 가배   ④ 한가위

81. 다음 중 추석의 풍습으로 잘못된 것은?

① 추석은 한가위, 중추절, 가배로 부르기도 하는 한국의 전통적인 명절이다.

② 추석 전에는 조상의 묘를 찾아 풀을 베고 깨끗하게 돌본다.

③ 올벼로 빚은 오려송편과 토란국은 추석에 먹는 별미이다.

④ 대한민국에서는 추석 전날과 다음날까지 3일이 공휴일이다. 단, 일요일이 연휴와 겹치면 겹치는 만큼 공휴일이 연장된다.

82. 음력 9월 9일에 해당하는 절기로, 과거엔 이날이 되면 산에 올라가 국화주를 마시며 시를 읊거나 산수를 즐기기도 하였다. 가정마다 화채를 만들어 먹고 국화전을 부쳐 먹었던 절기는?

① 인날   ② 단오

③ 칠석   ④ 중양절

83. 상달의 시식으로 쑥과 찹쌀가루로 만든 떡에 볶은 콩가루를 꿀에 섞어 바른 떡을 무엇이라 하는가?

① 애단자   ② 밀단고

③ 애고   ④ 강정

84. 상달에는 가을 고사일을 택하여 풍파가 없기를 기원했다. 이때 만들어 올린 떡은?

① 인절미   ② 붉은팥시루떡

③ 녹두고물시루떡   ④ 갖은편

85. 상달에 먹는 절식으로 옳지 않은 것은?

① 팥시루떡   ② 애단자

③ 밀단고   ④ 골무떡

86. 상달의 무오일에는 마굿간 앞에 시루팥떡을 놓고 고사를 지내고 길일을 택해 떡을 찌고 술을 빚어 터주대감굿을 하였다. 이 터주대감굿의 명칭은 무엇인가?

① 성주제   ② 농공제

③ 당산제   ④ 상달고사

> **❂ 참고**
> 10월은 상달이라 하여 민가에서는 가장 높은 달이라 했다. 이 달의 무오일에는 상마일로 쳐서 말을 위해 마굿간 앞에 시루팥떡을 놓고 고사를 지내고 길일을 택해 신곡을 가지고 떡을 찌고 술을 빚어서 터주대감굿을 하였다.

87. 다음에서 동지와 동지팥죽의 풍습에 대해 잘못 말한 것은?

① 초순에 드는 동지를 '애동지'라 하는데, 이때는 팥죽을 먹지 않고 거피팥시루떡을 먹는다.

② 동지팥죽의 새알심은 먹는 사람의 나이 수만큼 넣어 먹는다.

③ 동짓날을 '아세'라 했고 민간에서는 '작은 설'이라 했으며 이것은 태양의 부활을 뜻하는 큰 의미를 지니고 있어 설 다음 가는 작은설의 대접을 받았다.

④ 동지팥죽을 솔잎에 적시거나 숟가락으로 떠서 대문이나 벽에 발라 잡귀가 드나드는 것을 막는 주술적인 의미로도 쓰였다.

88. 다음 중 김장무가 나오는 상달에 별미로 해 먹는 떡은?

① 팥시루떡   ② 무시루떡

③ 녹두편   ④ 인절미

89. 납일에 대한 설명으로 잘못된 것은?

① 납일이란 동지 뒤의 둘째 미일이다.

② 민간에서는 마마를 깨끗이 한다고 해 참새를 잡아 어린이들에게 먹이는 풍습도 있었다.

③ 납월의 절식으로는 골동반(비빔밥), 장김치 등이 전해지고 떡으로는 골무떡이 있다.

④ 섣달그믐에는 온시루떡과 정화수를 떠놓고 고사를 지냈다.

90. 중양절에 대한 설명으로 옳지 않은 것은?

① 음력 9월 9일로 양수인 9가 겹치는 날이다.

② 햇벼가 나지 않아 추석 때 제사를 지내지 못한 북쪽 산간 지방에서 지내던 절일이다.

③ 최근까지도 그 풍속을 이어오고 있다.

④ 국화전, 밤떡을 먹었다.

91. 상달에 먹는 떡이 아닌 것은?

① 백설기   ② 팥시루떡

③ 밀단고   ④ 주악

92. 납일에 팥소를 넣어 빚어 먹는 떡은?

① 애단고   ② 인절미

③ 골무떡   ④ 수수부꾸미

93. 다음 중 국경일은?

① 제헌절, 한글날   ② 설날, 중추절

③ 석가탄신일, 성탄절   ④ 현충일

> ◇ **참고**
> 국경일은 국가적인 경사를 축하하기 위하여 법으로 정하여 온 국민이 기념하는 날이다. 기념일은 한 지역에서 대다수의 사람들이 인물 또는 사건에 대해서 기념하는 목적으로 공식으로 지정된 날이다.

94. 정부는 1996년에 11월 11일을 공식기념일로 지정하였다. 이날은?

① 농업인의 날   ② 빼빼로데이

③ 가래떡데이   ④ 블랙데이

95. 이 날은 군인들의 군기문란을 우려하여 결혼을 금지한 황제 클라우디우스 2세의 명령을 어기고, 로마교회의 주교가 군인들의 혼배성사를 집전했다가 순교한 날인 2월 14일을 기념하기 위한 축일이라 전해진다. 이 날은?

① 밸런타인데이   ② 화이트데이

③ 로즈데이   ④ 키스데이

> ◊ **참고**
> 밸런타인데이의 유래는 서양에서 새들이 교미를 시작하는 날이 2월 14일이라고 믿은 데서 유래했다는 주장도 있다. 초콜릿을 보내는 관습은 19세기 영국에서 시작되었지만 여성이 남성에게 선물을 주는 날이라는 식의 발상은 일본에서 생겨난 관습이라 한다.

96. 다음은 십사일기념일 또는 14데이라고 하는 대한민국에 매월 14일마다 있는 연인들의 기념일이다. 기념일과 괄호 안의 날짜가 잘못된 것은?

① 다이어리데이(1월 14일)   ② 실버데이(7월 14일)

③ 포토데이(10월 14일)   ④ 허그데이(12월 14일)

97. 다음 중 통과의례라고 볼 수 없는 것은?

① 출생   ② 이혼

③ 상례   ④ 성년식

98. 우리의 떡과 과자류는 큰 잔치 때 보기 좋게 고인다. 이 상의 이름으로 틀린 것은?

① 고임상   ② 고배상

③ 망상   ④ 입매상

99. 다음 중에서 육례에 해당하지 않는 것은?

① 관례   ② 향음주례

③ 상견례   ④ 납폐의례

100. 다음은 관례에 관한 설명이다. 잘못된 것은?

① 남자는 관례, 여자는 계례를 행한 뒤에야 사회적 지위가 보장되었으며, 갓을 쓰지 못한 자는 아무리 나이가 많더라도 언사에 있어서 하대를 받았다.

② 빈은 관을 씌우면서 "좋은 날을 받아 처음으로 어른의 옷을 입히니, 너는 어린 마음을 버리고 어른의 덕을 잘 따르면 상서로운 일이 있어 큰 복을 받으리라"는 식의 축복을 내린다.

③ 여자는 계례라 하여 18세 이상이 되면 어머니가 주관하여 쪽을 지고 비녀를 꽂아 주는 것으로 끝난다.

④ 상중을 피해 음력 정월 중의 길일을 잡아 행하고, 관례가 끝나면 자가 수여되고 사당에 고한 뒤 참석자들에게 절을 한다.

101. 혼례의 과정 중 육례를 설명한 것으로 잘못된 것은?

① 혼담은 남자 측에서 여자 측에 청혼하고, 여자 측이 허혼하는 절차이다.

② 납채는 남자 측에서 여자 측에 정혼을 알리고 신랑된 사람의 생년월일시를 적은 사주 단자를 보내는 절차이고, 납기는 남자 측에서 여자 측에 혼인 날짜를 정해 알리는 절차 이다.

③ 납폐는 남자 측에서 여자 측에 예물을 보내는 절차이다.

④ 대례는 신랑이 신부의 집으로 가서 부부가 되는 의식을 올리는 절차, 우귀는 신부가 신 랑을 따라 시댁으로 들어가 며느리로서 치르는 절차이다.

> **◎ 참고**
> 우리나라는 주자가례식의 혼인례인 의혼, 납채, 납폐, 친영을 따르면서도 여전히 "육례를 갖춘다"고 하였다. 그것 은 혼인 절차를 여섯 가지로 변화시켜 우리 식으로 치렀기 때문이다.

102. 다음은 혼례의 납폐의식에서 혼서와 채단이 담긴 함을 받을 때의 순서이다. 잘못된 것은?

① 대청에서 북향으로 자리를 편다.

② 자리 위에 상을 놓고 상 위에 파란색 보를 덮는다.

③ 보 위에 떡시루를 놓고 시루 위에 함을 놓는다.

④ 북향재배 후 함을 연다.

103. 혼인의 육례 중, 신랑 집에서 신부 집으로 예물을 보내는 일 또는 예물인 푸른 비단과 붉 은 비단을 무엇이라 하는가?

① 친영　　　　　　　　　　　② 납폐

③ 납길　　　　　　　　　　　④ 청기

> **◎ 참고**
> 혼인의 육례는 납채·문명·납길·납폐·청기·친영을 말한다.

104. 신랑신부가 처음으로 만나 백년해로를 서약하는 초례는 친영의 한 과정이다. 다음 중 초 례의 과정이 아닌 것은?

① 전안례　　　　　　　　　　② 교배례

③ 합근례　　　　　　　　　　④ 현구고례

105. 혼례 때 상에 내 놓거나 이바지 음식으로써 예로부터 입마개 떡이라고 부르는 떡은?

① 인절미　　　　　　　　　　② 가래떡

③ 절편　　　　　　　　　　　④ 약식

 해답 101.② 102.② 103.② 104.④ 105.①

106. 혼례와 관계되는 떡으로 옳지 않은 것은?

① 봉채떡　　　　　　　　　② 붉은팥차수수경단

③ 용떡　　　　　　　　　　④ 달떡

107. 봉채떡에 대한 설명으로 옳지 않은 것은?

① 떡 위에 놓는 대추는 아들을 상징한다.

② 붉은팥고물은 액을 면하게 한다.

③ 떡을 두 켜로 하는 것은 한 쌍의 부부를 뜻한다.

④ 봉치떡은 메시루떡이다.

108. 다음 결혼기념식과 주년 수가 맞지 않는 것은?

① 지혼식 – 1주년　　　　　② 목혼식 – 5주년

③ 은혼식 – 25주년　　　　　④ 금강혼식 – 70주년

109. 석혼식 또는 주석혼식이라고 하며 주석제품의 선물을 주고받는 결혼기념식은 결혼 몇 주년에 하는가?

① 7주년　　　　　　　　　② 8주년

③ 9주년　　　　　　　　　④ 10주년

110. 결혼년수와 그를 일컫는 말이 바르게 짝지어지지 않은 것은?

① 10주년 – 동혼식　　　　② 20주년 – 도혼식

③ 30주년 – 진주혼식　　　④ 40주년 – 모직혼식

111. 통과의례 중 회혼례란 무엇인가?

① 예순 살이 되는 해의 생일　　② 예순 한 살이 되는 생일

③ 예순 두 살이 되는 해의 생일　④ 백년가약을 맺은 지 60년이 되는 해

112. 다음은 가정의례준칙의 상례에 관한 것이다. 잘못된 것은?

① 상례는 임종에서 탈상까지의 의식절차를 말하며 장례식은 사망 후 매장 완료나 화장 완료 시까지 행하는 의식으로 발인제와 위령제만을 행하고 그 외 노제·반우제·삼우제 등의 제식은 생략할 수 있다.

② 상제는 사망자의 배우자와 직계비속이 되고, 주상은 배우자나 장자가 되며 주상이 없을 때는 최근친자가 주관한다.

③ 상복은 따로 마련하지 아니하되, 한복일 경우에는 흰색, 양복일 경우에는 검은색으로 하고, 가슴에 상장을 달거나 두건을 쓰고, 부득이한 경우에는 평상복으로 할 수 있다. 상복은 장일까지, 상장은 탈상까지 착용한다.

④ 장일은 부득이한 경우를 제외하고는 5일장을 원칙으로 하고, 부모·조부모·배우자의 상기는 사망한 날로부터 100일까지, 기타 친족의 상기는 장일까지로 한다. 또한, 상기 중 신위를 모셔 두는 궤연은 설치하지 않으며 탈상제는 기제에 준하도록 한다.

113. 다음은 차례음식 만들 때 주의할 점이다. 잘못된 것은?

① 고춧가루, 마늘 양념은 하지 않는다.

② 국물 있는 음식(탕, 면, 식혜)은 건더기만 쓴다.

③ '치' 자가 들어간 생선과 비늘 있는 생선 중 잉어는 쓰지 않는다.

④ 흰팥고물이나 복숭아는 쓰지 않는다.

114. 제상에 수저를 담아 놓는 놋그릇으로 대접과 비슷하며, 꼭지가 달린 납작한 뚜껑이 있는 제기를 무엇이라 하는가?

① 시접   ② 갱기

③ 편틀   ④ 적틀

115. 제기 중 떡을 담는 그릇의 이름은?

① 적틀   ② 편틀

③ 시접   ④ 갱기

116. 다음에서 제상에 올리는 오탕의 재료로 잘못된 것은?

① 봉탕 – 무 + 닭고기   ② 소탕 – 무 + 쇠고기

③ 어탕 – 무 + 북어   ④ 잡탕 – 무 + 표고 + 문어

117. 제상에 올리는 삼채를 잘못 연결한 것은?

① 청채 – 시금치, 미나리, 산나물   ② 백채 – 콩나물, 도라지, 무나물

③ 곡채 – 고사리, 묵은 나물, 가지   ④ 곡채 – 고사리, 취나물, 가지

118. 제상에서 음식을 놓는 위치를 잘못 말한 것은?

① 밥은 동쪽, 국은 서쪽 놓는다.

② 생선은 동쪽, 고기는 서쪽에 놓는다.

③ 생선은 오른쪽, 고기는 왼쪽에 놓는다.

④ 포는 상의 왼쪽에 놓고, 해는 오른쪽에 놓는다.

119. 붉은팥시루떡의 설명으로 틀린 것은?

① 액막이 떡으로 많이 쓰인다.

---

② 제사 또는 차례상에 많이 쓰인다.

③ 잡귀를 밀어낸다 하여 고사떡에 쓰인다.

④ 집을 짓거나 이사했을 때, 함을 받을 때 온시루를 올려놓고 탈이 없기를 빈다.

120. 제례에 쓰는 떡으로 옳지 않은 것은?

① 붉은팥시루떡   ② 거피팥시루떡

③ 녹두고물시루떡   ④ 흑임자시루떡

121. 다음 중 주로 제사 때 많이 쓰이는 떡은?

① 붉은팥시루떡   ② 거피팥시루떡

③ 물호박시루떡   ④ 무시루떡

122. 회갑에 대한 설명으로 옳지 않은 것은?

① 육십갑자가 다시 시작되는 해의 생일을 일컫는다.

② 이때의 상차림을 고배상 또는 망상이라고 불렀다.

③ 회갑연에 사용되는 떡은 갖은편이라 하였고, 웃기떡으로 장식하였다.

④ 화려한 떡들이 많이 올라 조선시대에는 회갑상을 금하기도 하였다.

123. 회갑연에 사용되는 갖은편이 아닌 것은?

① 부꾸미   ② 백편

③ 승검초편   ④ 꿀편

124. 고사를 지내거나 이사를 할 때 잡귀로부터 액을 피할 수 있다는 주술적인 의미를 가진 떡은?

① 붉은팥시루떡   ② 거피팥시루떡

③ 녹두고물시루떡   ④ 흑임자시루떡

125. 향음주례는 조선시대에 향촌의 유생들이 학교·서원 등에 모여서 나이 많고 덕 있는 사람을 주빈으로 모시고 술을 마시며 잔치를 하던 의식이다. 다음 중 향음주례에 대해 잘못 설명한 것은?

① 주인이 술잔 하나로 술을 돌려가며 손님에게 권하고, 잔이 빌 때마다 물에 씻는다. 하나의 잔으로 여럿을 대접하는 것은 술자리에 참가한 사람이 일체됨을 뜻하고, 잔을 씻는다는 것은 청결을 의미한다.

② 건배를 할 때는 눈높이에서, 술잔을 부딪칠 때는 수상의 술잔보다 수하의 술잔이 1㎝ 정도 아래에 대는 것이 좋고, 어른이 술잔을 권할 때는 술잔을 들고 가서 무릎을 꿇고 받은 뒤 다시 자기 자리로 가서 마신다. 바로 옆 좌석에 어른이 계시면 고개를 약간 돌리

고 마시는 것이 예의이다.

③ 술은 처음에는 사람이 술을 마시지만 거듭되면 술이 술을 마시고 지나치면 술이 사람을 마셔 망신시키고, 못 참으면 술이 처자까지 마시게 되어 폐가 한다. 술이 술을 마시는 단계에 이르지 않도록 사람이 술을 마시는 단계에 머무는 것이 주도의 으뜸이다.

④ 손님을 대접함에 있어, 옷을 단정히 입고, 공손한 마음으로 대접하고, 감사한 마음으로 대접받고, 권하고 사양함에 법도가 있고 꼭 장유유서를 지켜야 한다. 끝내 몸가짐을 흐트리지 않고 대접하며, 최다 10잔을 넘겨 권하지 않는다.

126. 다음에서 상견례라 할 수 없는 것은?

① 입학식에서 신입생과 재학생은 상견례를 가졌다.

② 새로 임명된 사부나 빈객이 처음으로 동궁과 상견례를 가졌다.

③ 수모가 신부를 부축하여 중문으로 나와 신랑신부의 상견례가 있었다.

④ 허생원이 집으로 찾아온 손님과 처음으로 상견례를 가졌다.

127. 책례는 아이가 서당에 다니면서 책을 한 권씩 뗄 때마다 행하던 의례이다. 책례 음식으로 만든 떡은?

① 작은 오색송편   ② 노비송편

③ 왕송편   ④ 오려송편

128. 다음에서 출산의례 때 행하는 풍습이 아닌 것은?

① 조산원을 '삼 할머니'·'삼신할머니'라 부른다.

② 아이를 낳으면 금줄을 쳐서 정문이나 산실 앞에 두르고 외인의 출입을 금한다.

③ 금줄에는 남아의 경우는 고추·숯·짚을 달며, 여아는 짚·숯·종이·솔잎을 단다.

④ 금줄은 대체로 세이레 동안 치지만 일곱이레 동안은 치지 않는다.

129. 삼칠일의 풍습을 잘못 설명한 것은?

① 아기에게 입혔던 쌀깃이나 두렁이를 벗기고, 옷을 갖춰 입혀 몸을 자유롭게 해 준다.

② 대문에 달았던 금줄을 떼어 외부인의 출입을 허용하고 산실의 모든 금기도 철폐한다.

③ 흰쌀밥에 고기를 넣고 끓인 미역국을 준비하고, 떡으로는 백설기를 준비한다.

④ 삼칠일의 백설기는 집안에 모인 가족끼리만 나누어 먹고 대문 밖으로는 내보내지 않는 풍습이 있다.

130. 다음 중 백일상 음식으로 알맞지 않은 것은?

① 흰밥   ② 고기미역국

③ 백색나물   ④ 백설기

해답   126.④   127.①   128.④   129.②   130.③

131. 백일떡에 대한 설명으로 틀린 것은?

① 백설기는 떡의 색에 신성한 의미를 두어 아이가 순수 무구한 삶을 살기를 바라는 뜻이 있다.

② 붉은팥차수수경단은 붉은색을 싫어하는 귀신을 막아 액을 물리친다는 의미가 있다.

③ 오색송편은 속이 꽉 찬 사람이 되라는 의미로 반드시 속을 꽉 채워 만들었다.

④ 백일떡은 백 집에 나눠주어야 아이가 장수하고 복을 받는다고 생각했다.

132. 다음 중 아이가 순수무구하게 자라라는 뜻의 돌떡으로 적합한 떡은?

① 녹두편　　　　　　　　　② 거피찰편

③ 백설기　　　　　　　　　④ 무지개떡

133. 돌잡이에 대한 설명으로 잘못된 것은?

① 아이는 성별에 관계없이 '돌잡이'라 하여 주인공이 된다.

② 아버지가 돌잡이가 된다.

③ 아이로 하여금 쌀, 붓, 책, 활, 돈 등을 골라잡게 하여 장래를 점치는 행사를 '돌잡히기'라고 한다.

④ 아이가 장차 어떤 사람이 될 것인가를 미리 점치고 아이의 교육에 도움이 될 것을 알아보고자 하는 뜻이 담겨져 있다.

134. 수수팥경단이 아이의 생일떡으로 쓰이는 의미로 옳은 것은?

① 잡귀를 막아 아이가 실하게 자라도록 한다.

② 조상의 음덕으로 아이의 장래에 복을 기원한다.

③ 팥의 붉은 기운이 아이를 건강하게 한다.

④ 수수와 팥의 영양분을 섭취해 무병장수를 꾀한다.

135. 돌상에 대한 설명으로 잘못된 것은?

① 새로 마련한 밥그릇과 국그릇에 흰밥과 미역국을 담고 푸른나물과 다양한 색의 과일도 준비한다.

② 떡은 백설기, 붉은팥고물차수수경단, 오색송편, 인절미, 무지개떡을 준비한다.

③ 여아의 경우 국문 대신 천 활과 화살 대신 색지·가위·실패 등을 놓는다.

④ 아기의 장수를 기원하는 국수를 놓는다.

136. 돌떡에 대한 설명으로 잘못된 것은?

① 백설기는 장수, 정갈함, 신성함, 온전함을 뜻하고, 순수무구하게 자라라는 뜻이 담겨져 있다.

② 인절미, 찰떡은 찰기가 있는 음식이므로 끈기 있고 마음이 단단하라는 뜻이 담겨 있다.

③ 무지개떡은 무지개가 꿈을 상징하므로 소원을 성취하라는 뜻이 담겨 있다.

④ 백설기는 100집에 나누어 먹어야 아기의 장래에 좋다.

해답　131.③　132.③　133.①　134.①　135.③　136.④

137. 아이가 돌일 때 준비하는 수수경단에 대한 설명 중 틀린 것은?

① 귀신이 붉은색을 싫어한다는 속신에서 이 떡을 해주면 사귀의 출입을 막고 귀물을 퇴치하여 병을 막을 수 있다고 믿고 무병하게 잘 자랄 수 있도록 하려는 기원에서 생긴 습속이다.

② 수수경단에 쓰이는 붉은 팥은 체에 곱게 내려 껍질을 벗긴 것이 아닌 통팥을 절구에 넣고 빻은 것을 사용한다.

③ 목숨 수(壽)가 둘씩 들어가므로 자손이 번성하고 장수하기를 바라는 마음이 깃들어 있다.

④ 백설기와 수수경단은 아기가 9세가 될 때까지 생일마다 해주면 아기가 잘 넘어지지 않아 좋고 한다.

138. 다음은 돌떡 중 오색송편에 대한 설명이다. 잘못된 것은?

① 속이 빈 것과 찬 것을 만드는데, 속인 빈 것은 마음과 생각이 넓어 아량을 베풀라는 의미이며, 속을 채운 것은 속이 꽉 찬 사람이 되라는 뜻이 담겨 있다.

② 오색송편은 아이가 장성한 다음에도 생일 또는 책거리 때 해주는 떡이다.

③ 평상시 만드는 송편보다 작고 예쁘게 만든다.

④ 송편에 물들이는 다섯 가지 색은 청색, 갈색, 황색, 백색, 흑색을 말하며 오행, 오덕, 오미와 마찬가지로 만물의 조화를 뜻한다.

139. 돌떡을 받은 집에서 답례품을 주는 습속에 대한 설명 중 잘못된 것은?

① 답례의 물건은 실, 의복, 돈, 반지, 수저, 밥그릇, 완구 등이다.

② 돌 때 받은 돈은 집에서 쓰지 않고 돌장이를 위하여 증식시키는 방법을 마련하기도 하고 밑전이라고 해서 귀중하게 여긴다.

③ 돌떡을 먹거나 받은 집에서는 떡을 담아온 그릇을 깨끗이 씻어 실이나 돈을 담아 건강과 행복을 축복하는 선물을 보낸다.

④ 답례품은 아기의 장래를 위한 부귀장수를 빌고 함께 경하하는 뜻에서 비롯되었다.

140. 다음 중 61세를 나타내는 말이 아닌 것은?

① 주갑   ② 환갑

③ 회갑   ④ 진갑

141. 공자가 말한 70세는?

① 종심   ② 고희

③ 희수   ④ 희년

142. 다음 중 88세를 가리키는 한자는?

① 米壽   ② 稀壽

③ 喜壽   ④ 美壽

해답 137.④   138.④   139.③   140.④   141.①   142.①

143. 하늘이 내려 준 나이를 다 살았다는 뜻으로 쓰이는 말은?

    ① 천수   ② 상수

    ③ 백수   ④ 동리

144. 나이를 숫자, 구어, 문어, 별칭으로 연결한 것이다. 잘못 연결된 것은?

    ① 60세 = 예순 살 = 육순 = 이순

    ② 70세 = 일흔 살 = 칠순 = 종심·고희·희수·희년

    ③ 80세 = 여든 살 = 팔순 = 희수

    ④ 90세 = 아흔 살 = 구순 = 졸수·동리

145. 나이와 별칭을 연결한 것 중 옳지 않은 것은?

    ① 61세 – 망칠   ② 71세 – 망팔

    ③ 81세 – 망구   ④ 91세 – 망십

146. 나이와 별칭의 연결이 옳지 않은 것은?

    ① 상수 – 48세   ② 약관 – 20세

    ③ 묘령 – 16세   ④ 지천명 – 50세

147. 쌍수의 나이를 잘못 표기한 것은?

    ① 66세 – 美壽   ② 77세 – 喜壽

    ③ 88세 – 米壽   ④ 99세 – 百壽

148. 100세를 일컫는 말로 사람의 수명 중 최상의 수명이란 뜻으로, 좌전에는 120세의 별칭으로 부르기도 한다. 이 말은?

    ① 상수   ② 백수

    ③ 천수   ④ 희수

149. 남자 64세, 여자 16세를 뜻하는 것은?

    ① 해제   ② 충년

    ③ 파과   ④ 상수

150. 61세 환갑잔치를 축하하는 의미로 잘못 쓰인 것은?

    ① 祝壽宴   ② 祝壽筵

    ③ 祝花甲   ④ 祝稀宴

해답   143.①   144.③   145.④   146.③   147.④   148.①   149.③   150.④

151. 통과의례에 쓰이는 떡을 잘못 연결한 것은?

① 백일 – 백설기, 붉은팥고물차수수경단, 오색송편

② 혼례 – 봉채떡, 달떡, 색떡

③ 회갑 – 백편, 꿀편, 승검초편

④ 제례 – 녹두고물편, 거피팥고물편, 붉은팥고물편

152. 빈대떡이나 화전을 부칠 때 쓰는 용구로 둥글넓적하며 운두와 손잡이가 달린 '이것'은 무엇인가?

① 채반   ② 번철

③ 냄비   ④ 겅그레

153. 김이 새어 나가지 않도록 시루와 솥 사이에 바르는 것은?

① 시루밑   ② 시루띠

③ 시루번   ④ 시루막이

154. 안쪽 면에 여러 줄의 골이 파여 있어서 쌀을 씻을 때 쌀 속의 돌, 뉘 등 이물질을 골라내는 데 매우 편리한 나무함지박의 명칭은 무엇인가?

① 채반   ② 동구리

③ 이남박   ④ 소쿠리

> **◊ 참고**
> 이남박은 굵은 통나무를 파서 만드는데, 입지름이 넓고 높이가 15cm 정도로 완만한 곡선을 이룬다. 바닥을 둥글게 판 다음, 내면에 잘게 여러 줄의 골을 내어 쌀을 일 때 돌이 걸려 바닥으로 내려가도록 만든 도구이다.

155. 치는 떡을 만들 때 사용하는 조리기구로 떡메로 치기 전 떡 반죽을 올려놓는 곳은?

① 떡판   ② 안반

③ 절구   ④ 떡틀

156. 떡살의 문양 중 부귀수복을 기원하는 뜻의 문양은?

① 국수무늬   ② 태극무늬

③ 길상무늬   ④ 빗살무늬

157. 둥글고 판판한 돌판 위에 그 보다 작고 둥근 돌을 옆으로 세워 얹어 말이나 소가 돌리는 방아는?

---

① 디딜방아   ② 연자방아

③ 물레방아   ④ 물방아

158. 통나무로 만든 농기구로 주로 벼의 겉껍질만 벗기는데 사용되었다. 이 도정도구는?

① 매통   ② 절구

③ 떡구유   ④ 용저

> **❖ 참고**
> 『해동농서』에서는 매통을 '목마'라고 기록하고 있다. 매통은 크기가 같은 굵고 단단한 통나무 두 짝을 만들어, 위 짝의 구멍에 맞도록 아래짝의 윗부분을 깎아서 연결해서 만들었다.

159. 통나무를 구유처럼 길게 파 떡을 치는 데 쓰는 그릇이다. 떡구유라고도 부르는 '이것'의 이름은?

① 도구통   ② 절구통

③ 떡망판   ④ 절구

160. 곡식을 키에 넣어 추켜 뜨리는 것을 일컫는 말이 아닌 것은?

① 나비질한다   ② 까분다

③ 키질한다   ④ 키내림한다

161. 곡물의 쭉정이나 먼지 등을 가려내는 기구로 양쪽에 큰 바람구멍이 있고, 큰북 모양의 통 내부에서 일어나는 바람의 힘으로 깔때기 모양의 아가리로부터 흘러내리는 낟알과 티끌, 쭉정이, 왕겨 등을 가려내는 기구이다. 이를 가리키는 말이 아닌 것은?

① 풍로   ② 풍차

③ 풍구   ④ 풍향기

162. 조리에 관련된 풍습으로 옳지 않은 것은?

① 정월 보름날 새벽에는 복조리를 팔았다.

② 가정에서는 1년 내내 쓸 만큼 2~4개의 복조리를 사, 안에 복돈을 넣고 다홍실로 엮어 안방, 대청, 다락 등에 걸어 두었다. 한 해가 지나면 새 것으로 바꾸고 묵은 것은 사용하였다.

③ 된장국이나 찌개를 끓일 때 된장찌꺼기를 걸러 내거나 나물을 데쳐 건질 때 썼다.

④ 과거에는 싸릿대의 속대를 엮어 만들었다.

163. 다음은 옹배기와 자배기에 대한 설명인데 틀린 것은?

① 옹배기와 자배기는 두 가지 모두 쌀을 물에 담궈 불릴 때 쓰는 질그릇의 일종이다.

해답	157.② 158.① 159.③ 160.④ 161.④ 162.① 163.④

② 옹배기는 주둥이보다 배 부분이 넓고 둥글며, 바닥이 좁게 되어 있다.

③ 자배기는 안지름이 넓고 바닥도 넓으며, 간혹 귀가 달린 것도 있다.

④ 자배기 가운데는 두 아름 정도 되는 큰 자배기도 있다. 이러한 대형 자배기는 강릉지방에서 특히 많이 쓰는 것으로 두부에 쓸 간수를 얻기 위해 여기에 빗물을 받았다.

164. 매통이나 맷돌 아래에 깔아 갈려 나오는 곡물을 받는데 쓰는 것으로, 콩이나 팥 따위의 곡물을 넣어 말리거나 담아두기도 하는 이 도구의 이름은?

① 맷방석　　　　　　　　　　② 도래방석

③ 멍석　　　　　　　　　　　④ 떡구유

> ✿ **참고**
> 맷돌을 앉히는 중앙에는 노 따위의 질긴 끈을 넣어 짜서 맵시를 내는 동시에 쉽게 닳지 않도록 만들었다.

165. 고운 돌로 조그맣게 만든 맷돌로 밑짝을 매판에 붙여 만든다. 보통 맷돌보다 더 곱게 갈 수 있는 맷돌인 '이것'은 무엇인가?

① 고석매　　　　　　　　　　② 물맷돌

③ 풀매　　　　　　　　　　　④ 구멍맷돌

> ✿ **참고**
> 모시와 명주에 풀을 먹일 때 불린 쌀을 풀매에 곱게 갈아 가라앉혀 밭쳐 말려 썼다. 받침이 함께 붙어 있고 아랫돌이 윗돌보다 훨씬 넓으며 그 주위에 홈이 파여 있어 갈린 것이 저절로 흘러내리게 되어 있다. 밑짝에 주둥이를 길게 달아 놓은 것이 특징이다.

166. 불린 콩이나 곡식을 맷돌에 넣고 갈 때 맷돌에 올려놓는 기구로 주로 소나무나 괴목으로 만든다. '이것'은?

① 맷지개　　　　　　　　　　② 매판

③ 풀맷돌　　　　　　　　　　④ 고석매

167. 맷돌을 손으로 돌릴 때 쓰는 손잡이의 명칭인 어처구니의 다른 말은?

① 맷손　　　　　　　　　　　② 매통

③ 맷지개　　　　　　　　　　④ 풀매

168. 다음 중 쳇불이 가장 넓은 체는?

① 겹체　　　　　　　　　　　② 깁체

③ 중간체　　　　　　　　　　④ 어레미

해답 164.①　165.③　166.②　167.①　168.④

169. 올이 가늘고 구멍이 작은 체로 술이나 간장 등을 거를 때 쓴다. 쳇불을 말총 혹은 나일론 천으로 만드는 '이것'은?

① 깁체   ② 고운체

③ 겹체   ④ 가루체

> **◇ 참고**
> 고운체는 지방에 따라 곰방체(보성), 술체(거문도), 풀체(경기), 접체(경기)라고도 한다.

170. 체에 관한 설명으로 옳지 않은 것은?

① 어레미 – 쳇불구멍이 가장 큰 체이고, 떡고물이나 메밀가루를 내리는데 썼다.

② 도드미 – 고운 철사로 올을 성기게 짠 구멍이 굵은 체지만, 어레미보다 쳇불구멍이 크고 좁쌀이나 쌀의 뉘를 고르는데 썼다.

③ 중게리 – 지방에 따라 반체, 중게리, 중체라고도 부른다. 시루편을 만들 때와 떡가루를 물에 섞어 비벼 내릴 때 쓰며 쳇불은 천으로 되었다.

④ 가루체 – 가루를 치는 데 쓰는 체로 지방에 따라 접체, 벤체, 참체, 도시미리, 설된체, 신체라고도 한다. 쳇불은 말총 혹은 나일론 천으로 만들며 송편가루 등을 내리는데 썼다.

171. '이것'은 맷돌 아래 받쳐서 갈려 나오는 재료들이 떨어지게 하거나, 국물이 있는 재료를 체로 거를 때 받는 그릇 위에 걸쳐서 체를 올려놓을 수 있도록 만든 기구이다. '이것'은?

① 쳇다리   ② 맷지게

③ 채반   ④ 채반침

172. 다음 시루에 관한 설명이 잘못된 것은?

① 옹달시루 – 일명 옹시루라고도 하고 떡이나 쌀 따위를 찌는 데 쓰는 작고 오목한 질그릇

② 시룻반 – 시루를 솥에 안칠 때 그 틈에서 김이 새지 않도록 바르는 반죽

③ 시룻방석 – 짚으로 두껍고 둥글게 틀어 방석처럼 만든, 시루를 덮는 덮개

④ 시루밑 – 시루의 구멍을 막는 깔개로 시루바닥에 깔아서 쌀가루 등의 곡물이 시루 구멍을 통하여 밑으로 새지 않도록 하는 물건

173. 다음 기구에 대한 설명으로 잘못된 것은?

① 안반 – 일명 떡판이라고 하고, 떡을 칠 때에 쓰는 두껍고 넓은 나무 판이다.

② 떡메 – 찐 쌀을 치는 메로 굵고 짧은 나무토막에 구멍을 뚫어 긴 자루를 박아 쓴다.

③ 떡가위 – 떡이나 엿, 약과 등을 자를 때 쓰는 가위로 놋쇠로 되어 있고, 마치 엿장수 가위처럼 날의 두께가 1㎜가량으로 무디다.

④ 밀판 – 반죽 따위를 밀어서 얇고 넓게 펴는 데 쓰는 판이다.

174. 싸릿개비나 버들가지 따위를 둥글넓적하게 결어 만든 것으로 기름에 지진 떡을 펼쳐 기름이 빠지게 하거나 재료를 넣어 물기를 뺄 때도 쓴다. '이것'은?

① 광주리   ② 소쿠리
③ 오합   ④ 채반

175. 버들가지를 촘촘히 엮어서 만든 상자로 음식을 담아 나르거나 떡이나 강정 등을 담을 때 쓰는 것은?

① 동구리   ② 석작
③ 떡동구리   ④ 떡서리

176. 직사각형의 굵은 통나무 바가지로 떡을 버무릴 때 쓰는 도구이다. 양쪽에 전이 달려 있어 '이것'을 손잡이로 쓸 수 있어 편리한 '이것'은?

① 귀함지   ② 도래함지
③ 모함지   ④ 목판

> **◎ 참고**
> 귀함지는 굵은 통나무를 길이로 켜서 외부를 거의 직사각형으로 갸름하게 파고 내부는 장방형의 형태로 파서 큰 바가지같이 만든 그릇이다. 안팎을 칠하여 물기를 막아 떡을 버무리는데 썼다. 바닥은 대체로 안쪽으로 구부러진 둥근 모양이며 양쪽에 전이 달려 있어 이것을 손잡이로 쓸 수 있어 편리하다.

177. 떡 제조에 필요한 도구이다. 쓰임새가 잘못 연결된 것은?

① 떡살 – 흰떡 등을 눌러 모양과 무늬를 찍어 내는 도구
② 시루방석 – 떡 찌는 시루를 덮어 떡이 잘 익도록 하는 것
③ 떡판 – 떡을 처음 칠 때 흩어지는 것을 막기 위해 싸는 보자기
④ 안반과 떡메 – 흰떡이나 인절미를 칠 때 쓰는 용구

178. 계량컵과 계량스푼으로 계량하는 방법이다. 잘못된 것은?

① 200cc – 계량컵으로 곡물을 담아 윗부분을 깎아서 잰 한 컵
② 15cc – 계량스푼으로 한 큰술
③ 7.5cc – 계량스푼으로 작은술
④ 계량컵 한 컵을 계량스푼으로 환산하면 13큰술 정도가 된다.

179. 다음 되와 말의 연결이 잘못된 것은?

① 대승 1되 – 10홉   ② 소승 1되 – 5홉
③ 한 말 – 18ℓ   ④ 1섬 – 5말

해답 174.④   175.①   176.①   177.③   178.③   179.④

180. 떡을 여러 가지 모양으로 만들 수 있는 기계로 주로 꿀떡, 송편, 경단, 찹쌀떡을 만들 때 이용하는 이 기계의 이름은?

① 성형기   ② 제병기

③ 펀칭기   ④ 롤러

제 2 장 떡 제조의 기초이론

181. 만물의 조화를 이룬다는 다섯 가지를 잘못 묶은 것은?

① 오행 – 목, 화, 토, 금, 수

② 오색 – 청색, 적색, 황색, 백색, 갈색

③ 오장 – 간장, 심장, 비장, 폐장, 신장

④ 오미 – 단맛, 쓴맛, 신맛, 짠맛, 매운맛

182. 오복이란 인생에서 바람직하다고 여겨지는 다섯 가지 복을 의미한다. 『상서』의 「홍범」에서 말하는 오복이란 무엇인가?

① 수·부·강녕·유호덕·고종명   ② 수·부·귀·강녕·자손중다

③ 수·부·강녕·이·처   ④ 수·강녕·귀·이·처

183. 헤닝(Henning)의 4원미는?

① 단맛, 쓴맛, 신맛, 짠맛   ② 단맛, 쓴맛, 신맛, 떫은맛

③ 단맛, 매운맛, 신맛, 짠맛   ④ 단맛, 매운맛, 신맛, 쓴맛

184. 4가지 기본적인 맛과 거리가 먼 것은?

① 단맛   ② 신맛

③ 쓴맛   ④ 떫은맛

185. 식품의 맛에 대한 설명 중 옳지 않은 것은?

① 동양에서 말하는 오미는 단맛, 쓴맛, 짠맛, 신맛, 매운맛이다.

② 4원미 중 단맛이 미각의 순응작용이 가장 강하다.

③ 보통 4원미라고 하면 단맛, 매운맛, 신맛, 짠맛을 말한다.

④ 쓴맛은 입안에서 비교적 오래 남는다.

해답   180.①   181.②   182.①   183.①   184.④   185.③

186. 감의 떫은맛은 다음 성분 중 무엇인가?

① 유황화합물   ② 카페인

③ 캡사이신   ④ 탄닌

187. 4가지 기본적인 맛과 거리가 먼 것은?

① 단맛   ② 신맛

③ 쓴맛   ④ 떫은맛

188. 식품의 맛에 대한 설명이다. 다음 중 틀린 것은?

① 동양에서 말하는 오미는 단맛, 쓴맛, 짠맛, 신맛, 매운맛이다.

② 4원미 중 단맛이 미각의 순응작용이 가장 강하다.

③ 보통 4원미라고 하면 단맛, 매운맛, 신맛, 짠맛을 말한다.

④ 쓴맛은 입안에서 비교적 오래 남는다.

189. 기본 맛 중에서 순응작용이 가장 강하며 폭 넓은 농도에서 쾌감을 느낄 수 있고 다른 맛을 부드럽게 하는 작용이 있는 맛은?

① 단맛   ② 신맛

③ 쓴맛   ④ 짠맛

190. 다음은 맛 성분의 혼합에 의한 미각의 변화를 설명한 것이다. 어떤 작용인가?

> 단맛성분에 소량의 짠맛성분, 감칠맛성분에 소량의 짠맛성분이 혼합되면 주정미성분의 맛이 강하게 된다. 예로 15% 설탕 용액에 0.01% 소금을 넣으면 설탕만 넣은 경우보다 단맛이 강해진다. 단팥죽을 만들 때 설탕에 소량의 소금을 넣으면 단맛이 더욱 강하게 느껴진다.

① 상승작용   ② 억제작용

③ 대비작용   ④ 변조작용

191. 설탕과 사카린, 미원과 핵산계열 조미료와 같이 두 가지 맛이 혼합됨으로써 맛이 상승적으로 작용하는 것을 맛의 상승작용이라 한다. 다음 중 상승작용이 일어나지 않는 맛은?

① 감칠맛   ② 신맛

③ 단맛   ④ 짠맛

192. 맛의 억제효과는 서로 다른 맛 성분을 합하였을 때 주된 맛 성분이 약해지는 것이다. 다음 중 억제효과가 아닌 것은?

① 커피에 설탕   ② 신 과일에 설탕

③ 비린내에 식초나 된장   ④ 국물에 소금

193. 음식의 종류에 따라서 먼저 섭취한 맛의 영향으로 후에 섭취한 음식의 맛이 다르게 느껴지는 경우가 있다. 이와 같은 현상을 무엇이라 하나?

① 상쇄효과   ② 변조효과

③ masking효과   ④ 가림효과

194. 호박설기를 할 때 멥쌀 10kg에 들어갈 생단호박의 양은?

① 1.5kg   ② 2.5kg

③ 3kg   ④ 4kg

195. 호박인절미를 만들 때 찹쌀 10kg에 들어갈 생호박의 양은?

① 500g   ② 1.5kg

③ 2kg   ④ 3kg

196. 호박인절미를 만들 때 찹쌀 10kg에 들어갈 호박고지의 양은?

① 500g   ② 1.5kg

③ 2kg   ④ 3kg

197. 호박가래떡을 만들 때 쌀 10kg에 들어갈 호박분말의 양은?

① 100g   ② 150g

③ 300g   ④ 500g

198. 호박찰떡을 만들 때 찹쌀 10kg에 들어갈 호박분말의 양은?

① 100g   ② 200g

③ 300g   ④ 400g

199. 생단호박설기를 할 때 멥쌀 10kg에 생단호박이 1kg 들어갈 때 물의 양은?

① 1kg 정도   ② 1.5kg 정도

③ 2kg 정도   ④ 3kg 정도

200. 단호박설기를 할 때 멥쌀 10kg에 들어갈 소금과 설탕의 양은?

① 110g, 1kg   ② 130g, 1.3kg

③ 140g, 2kg   ④ 150g, 2.5kg

201. 단호박설기를 만들 때 가루를 빻는 방법 중 잘못된 것은? (※꽉 조여진 상태를 12시 방향으로 간주함)

① 1차 10시 방향으로 거칠게 빻는다.　　② 2차 9시 방향으로 풀어서 빻는다.
③ 3차 12시 방향으로 조여서 빻는다.　　④ 4차 12시 방향으로 조여서 빻는다.

202. 녹두호박편을 만드는 방법이다. 잘못된 것은?

① 1차 멥쌀을 거칠게 빻는다.
② 물 반죽을 하여 잘게 썬 단호박을 넣고, 6시 방향으로 한번 빻고, 8시 방향으로 2~3회 빻는다.
③ 마지막으로 12시 방향으로 조여서 한번 빻는다.
④ 물 반죽하여 다시 거칠게 빻는다.

203. 녹두호박편을 시루에 안치는 방법 중 잘못된 것은?

① 잘게 썬 단호박을 가루에 섞어 켜켜 안친다.
② 녹두를 뿌린 뒤 가루를 안치는 방법을 반복하여 안친다.
③ 시루에 켜켜로 한꺼번에 안친다.
④ 위, 아래만 녹두를 뿌린다.

204. 호박편을 스팀에 찔 때 알맞은 시간은?

① 스팀이 올라온 뒤 5분 정도
② 스팀이 올라온 뒤 10분 정도
③ 스팀이 올라온 뒤 30분 정도
④ 스팀이 올라온 뒤 40분 정도

205. 호박찰떡 만드는 방법 중 잘못된 것은?

① 찹쌀 10kg에 소금 130g를 넣는다.
② 1차 가루를 거칠게 빻는다.
③ 호박분말을 가루에 섞고 물 반죽 한다.
④ 물 반죽을 먼저하고 호박분말을 섞는다.

206. 늙은호박고지를 사용하는 방법 중 가장 옳은 방법은?

① 물에 불려서 사용한다.
② 물에 빠르게 씻은 후 스팀에 쪄서 사용한다.
③ 마른 상태로 사용한다.
④ 씻은 후 탈수기에 탈수하여 사용한다.

해답 201.③　202.④　203.④　204.②　205.④　206.②

207. 늙은호박을 이용하여 떡을 만들 때 잘못된 것은?

　① 백설기와 같은 방법으로 가루를 빻는다.
　② 호박은 얇게 채 썰어서 사용한다.
　③ 백설기 가루보다 물을 많이 주어야 한다.
　④ 시루판을 이용하여 켜켜이 안친다.

208. 늙은 호박으로 떡을할 때 적합한 고물이 아닌 것은?

　① 붉은팥고물　　　　　　　　② 녹두고물
　③ 거피팥고물　　　　　　　　④ 노란콩고물

209. 시골쑥인절미를 할 때 찹쌀 10kg에 들어갈 쑥의 양은?

　① 11kg 정도　　　　　　　　② 12kg 정도
　③ 3kg 정도　　　　　　　　④ 14kg 정도

210. 시골쑥인절미의 쑥을 기계로 빻을 때 멥쌀을 조금 첨가하여 빻는다. 가장 알맞은 이유는?

　① 쑥이 미끄러워 기계에서 내려가지 않기 때문에
　② 떡이 질어질 것을 막기 위해서
　③ 스팀이 잘 올라오게 하기 위해서
　④ 쑥을 부드럽게 하기 위해서

211. 시골쑥인절미를 만드는 과정에서 올바른 쑥의 사용방법은?

　① 잘 삶은 쑥을 기계에 2번 빻아서 사용한다.
　② 쑥을 무르게 삶아서 그냥 섞어서 사용한다.
　③ 생쑥을 사용한다.
　④ 말린 쑥을 그냥 사용한다.

212. 시골쑥인절미를 만드는 과정 중 잘못된 것은?

　① 멥쌀가루에 쑥을 섞어 내린다.
　② 찹쌀은 곱게 1번 빻는다.
　③ 주먹주먹 쥐어서 안친다.
　④ 한꺼번에 부어서 안친다.

213. 시골쑥인절미를 만들 때 쑥의 색을 선명하게 내기 위한 방법이 아닌 것은?

　① 삶은 쑥을 멥쌀가루에 섞어 곱게 빻는다.

② 익은 찹쌀가루 위에 쑥을 얹어 익힌다.

③ 익힌 다음 바로 쌀 10kg 기준에 찬물을 1kg 정도 준다.

④ 쑥을 먼저 안친다.

214. 쑥가래떡을 만들 때 쌀 10kg에 들어갈 삶은 쑥의 양은?

① 1kg

② 2kg

③ 3kg

④ 4kg

215. 삶은 쑥을 이용해 설기를 만들 때 가루를 빻는 가장 알맞은 횟수는?

① 1회

② 2회

③ 3회

④ 4회

216. 쑥설기를 만드는 방법 중 옳지 않은 것은?

① 1차는 거칠게 빻는다.

② 2차로 쑥을 넣고 더 거칠게 빻는다.

③ 물 반죽하여 바로 곱게 빻는다.

④ 물 반죽하여 다시 한 번 거칠게 빻는다.

217. 쑥버무리를 만들 때 사용하는 쑥으로 알맞은 것은?

① 이른 봄 어린 생쑥

② 여름철 햇빛을 많이 받은 생쑥

③ 삶아서 보관한 쑥

④ 말린 쑥

218. 쑥송편을 만들 때 쌀 10kg에 들어가는 삶은 쑥의 양은?

① 1kg

② 3kg

③ 4kg

④ 5kg

219. 기계 쑥날송편을 할 때 쌀 10kg에 들어갈 알맞은 물의 양은?

① 1.5kg

② 2kg

③ 3kg

④ 4kg

220. 기계 날송편을 냉동시키는 이유가 아닌 것은?

① 송편의 신선도 유지를 위하여

② 송편을 숙성시키기 위해서

해답 214.① 215.④ 216.③ 217.① 218.① 219.② 220.④

③ 대량으로 작업할 때 유리하기 때문에

④ 떡이 갈라지므로

221. 송편소가 질어지면 생기는 현상은?

① 송편이 갈라진다.

② 송편이 딱딱해 진다.

③ 송편이 크게 만들어 진다.

④ 송편 소는 질어도 떡과는 관계가 없다.

222. 손으로 흰색 날송편을 할 때 쌀 10kg에 반죽할 찬물의 양은?

① 1.5kg 정도

② 2kg 정도

③ 2.5kg 정도

④ 3.5kg 정도

223. 날송편 고물 중 녹두 10kg에 들어가는 소금의 양으로 알맞은 것은?

① 190g

② 90g

③ 120g

④ 130g

224. 반죽한 기계송편가루를 스팀에 찔 때 빠른 시간 내에 찌는 가장 큰 이유는?

① 떡이 질겨지지 않게 하려고

② 떡이 질어지게 하려고

③ 떡이 다 익어서

④ 떡을 맛있게 하려고

225. 냉동된 날송편을 스팀에 찔 때 알맞은 시간은?

① 20분 정도 찐다.

② 30분 정도 찐다.

③ 40분 정도 찐다.

④ 10분 정도 찐다.

226. 떡을 할 때 '물을 내린다'는 의미는?

① 떡에 들어가는 부재료에 물기를 준다.

② 떡을 썰 때 칼에 물을 묻히면서 썬다.

③ 쌀가루에 꿀물이나 물을 넣어서 체에 다시 친다.

④ 떡쌀을 물에 담궈 물을 흡수하도록 한다.

227. 가래떡용 멥쌀가루를 빻을 때 보통 불린 쌀 무게의 10%에 해당하는 물을 첨가한다. 쌀18 kg을 불려 가루를 빻을 때 첨가하는 물의 양은? (※ 1컵은 200㎖로 간주함)

① 3컵(600㎖)

② 4컵(800㎖)

③ 5컵(1000㎖)

④ 6컵(1200㎖)

해답 221.① 222.④ 223.② 224.① 225.② 226.③ 227.③

228. 가래떡을 만드는 방법 중 잘못된 것은? (※ 꽉 조여진 상태를 12시 방향으로 간주함)

① 쌀 10kg에 소금 100g를 넣는다.

② 1차 12시 방향으로 곱게 빻는다.

③ 2차 물 반죽하여 12시 방향으로 곱게 빻는다.

④ 2차 물 반죽하여 11시 방향으로 거칠게 빻는다.

229. 흑미가래떡을 만들 때 쌀 10kg에 들어갈 흑미의 양은?

① 1kg ② 1.5kg

③ 3kg ④ 4kg

230. 백년초 가래떡을 만들 때 쌀 10kg에 들어갈 백년초분말의 양은?

① 100g ② 250g

③ 500g ④ 1kg

231. 가래떡을 만들 때 쌀가루를 익히는 시간 중 가장 알맞은 것은?

① 다 익은 후 보자기를 덮고 2~5분 정도

② 다 익은 후 보자기를 덮고 25분 정도

③ 안친 후 보자기를 덮고 30분 정도

④ 안친 후 보자기를 덮고 40분 정도

232. 가래떡을 만들 때 보자기를 덮어주는 가장 적절한 시기는?

① 스팀에 올리고 바로

② 스팀이 올라오는 것을 보고 바로

③ 떡이 다 익은 것을 확인하고

④ 떡이 1/3정도 익은 것을 확인하고

233. 가래떡을 뽑을 때 가래떡이 덩어리가 생겨서 나오는 이유는?

① 스팀이 쎄고 오래 쪄서 ② 물 반죽을 질게 해서

③ 물 반죽을 되게 해서 ④ 너무 덜 익혀서

234. 떡볶이떡을 만들 때 쌀 10kg에 들어갈 물의 양은?

① 600g ② 1.3kg

③ 2kg ④ 3kg

235. 떡에 쓸 강낭콩을 스팀에 찌는 시간은?

　　① 10분　　　　　　　　　② 20분
　　③ 30분　　　　　　　　　④ 50분

236. 서리태를 불리는 방법 중 잘못된 것은?

　　① 뜨거운 물에 불린다.
　　② 미지근한 물에 불린다.
　　③ 5~6시간 정도 불려준다.
　　④ 다 불린 서리태는 미지근한 물을 뿌려서 물기를 뺀 다음 사용한다.

237. 삶은 녹두를 냉동실에 보관하기 전 처리과정으로 맞는 것은?

　　① 선풍기로 열기를 완전히 없앤 뒤에 보관한다.
　　② 뜨거운 상태로 바로 보관한다.
　　③ 미지근한 상태로 보관한다.
　　④ 설탕을 넣고 빻아서 보관한다.

238. 붉은팥고물을 만들 때 적두 10kg에 들어가는 알맞은 소금의 양은?

　　① 120g　　　　　　　　　② 140g
　　③ 150g　　　　　　　　　④ 160g

239. 개피떡 소를 만들 때 거피팥 10kg에 들어갈 설탕의 양은?

　　① 1kg　　　　　　　　　② 2kg
　　③ 3kg　　　　　　　　　④ 4kg

240. 다음은 떡에 사용할 통조림 밤을 조리하는 과정이다. 옳은 것은?

　　① 바로 꺼내 사용한다.
　　② 씻어서 스팀에 5~10분 정도 찐다.
　　③ 국물째 사용한다.
　　④ 삶아서 사용한다.

241. 날땅콩을 불리는데 가장 알맞은 시간은?

　　① 찬물에 2~3시간 불린다.
　　② 미지근한 물에 2~3시간 불린다.
　　③ 미지근한 물에 24시간 불린다.
　　④ 찬물에 24시간 불린다.

해답　235.③　236.①　237.①　238.①　239.③　240.②　241.②

242. 불린 날땅콩에 미지근한 물을 뿌려주는 이유는?

　　① 덜 불은 땅콩을 불려주기 위해서

　　② 떡이 잘 익게 하려고

　　③ 냉동 보관 시 냉해를 방지하기 위해서

　　④ 땅콩에 물기를 빠르게 말려주기 위해서

243. 구름떡 고물을 만들 때 팥앙금 10kg에 들어갈 소금의 양은?

　　① 80g　　　　　　　　　② 90g

　　③ 110g　　　　　　　　④ 130g

244. 구름떡 고물을 만들 때 팥 10kg에 들어가는 건앙금의 양은?

　　① 1kg　　　　　　　　　② 1.5kg

　　③ 2kg　　　　　　　　　④ 3kg

245. 인절미로 만드는 구름떡이다. 잘못된 것은?

　　① 인절미보다 되게 만들어 준다.

　　② 견과류를 넣고 잘 섞어준다.

　　③ 사이사이에 고물을 뿌려준다.

　　④ 여러 번 겹쳐서 모양을 만들어 준다.

246. 찌는 구름떡을 만드는 방법이다. 알맞은 것은?

　　① 사이에 고물을 많이 뿌려준다.

　　② 사이에 고물을 얇게 뿌려준다.

　　③ 쌀가루와 고물을 잘 섞어 찐다.

　　④ 사이에 들어가는 고물은 일반 팥고물을 사용한다.

247. 구름떡 고물을 만드는 방법 중 잘못된 것은?

　　① 팥은 아주 무르게 삶아 고운체로 내린다.

　　② 수분을 제거하기 위해 솥에 볶아준다.

　　③ 볶아서 사용할 때 계피분, 설탕을 첨가해준다.

　　④ 시루떡 팥을 그냥 사용한다.

248. 찌는 구름떡의 모양을 내는 방법은?

　　① 얼기설기로 쌓아서 눌러준다.

　　② 평편하게 얹어서 눌러준다.

해답　242.④　243.②　244.②　245.①　246.②　247.④　248.①

③ 돌돌 말아서 눌러준다.
④ 대충 잘라서 놓는다.

249. 구름떡에 들어가는 고명이 아닌 것은?
① 아몬드분태 ② 대추(채)
③ 잣 ④ 볶은 콩

250. 구름떡에 들어가지 않는 재료는?
① 견과류 ② 건포도
③ 쑥 ④ 고운팥고물

251. 두텁떡 속에 들어가는 재료가 아닌 것은?
① 거피팥 ② 견과류
③ 유자 ④ 호박

252. 두텁떡을 만들 때 찹쌀 10㎏에 들어갈 소금의 양은?
① 90g ② 130g
③ 140g ④ 150g

253. 영양떡을 만드는 방법이 아닌 것은?
① 찹쌀 10㎏에 소금 120g를 넣는다.
② 곱게 2번 빻는다.
③ 약간 거칠게 1번만 빻는다.
④ 고명을 섞어서 쥐어서 안친다.

254. 영양떡을 시루에 안치는 방법으로 옳은 것은?
① 주먹주먹 쥐어서 안친다.
② 한 번에 부어서 안친다.
③ 익히면서 조금씩 안친다.
④ 한켜한켜 안친다.

255. 경단을 반죽할 때와 삶은 후 헹굴 때 적당한 물은?
① 찬물, 찬물 ② 끓는 물, 찬물
③ 끓는 물, 끓는 물 ④ 찬물, 끓는 물

해답 249.④ 250.③ 251.④ 252.② 253.② 254.① 255.②

256. 송편을 찐 다음 엎기 전 찬물을 뿌려주는 가장 큰 이유는?

① 송편이 오래도록 굳지 않게 하기 위해

② 기름이 잘 스며들게 하려고

③ 송편이 잘 떨어지게 하려고

④ 송편이 차지게 하려고

257. 손절편은 뜨거운 상태로 만들어선 안 된다. 이유가 아닌 것은?

① 떡이 빨리 굳는다.

② 떡의 부드러운 맛이 떨어진다.

③ 떡을 만들 때 떡이 마르고 튼다.

④ 뜨거운 상태로 만들면 떡이 빨리 굳지 않는다.

258. 꿀떡이 빨리 굳거나 떡 속에 굳은 덩어리가 생기는 가장 큰 이유는?

① 떡 피를 뜨거운 상태로 만들어서　　② 절구에 제대로 쳐지지 않아서

③ 뜸이 들지 않아서　　④ 뜸을 너무 많이 들어서

259. 인절미가 뜨거울 때 고물을 묻히면 생기는 현상 중 알맞은 것은?

① 빨리 굳고 딱딱해진다.　　② 떡이 질어진다.

③ 찰기가 더 생긴다.　　④ 맛이 부드러워 진다.

260. 인절미를 만드는 방법 중 잘못된 것은?

① 기계를 조여서 1번만 뺀다.

② 가루를 주먹주먹 쥐어서 안친다.

③ 가루를 한 번에 부어서 안친다.

④ 절구나 펀칭기로 쳐서 만든다.

261. 인절미를 이용한 구름떡 10㎏을 만드는 방법 중 피에 들어갈 설탕양은?

① 1㎏　　② 2㎏

③ 3㎏　　④ 4㎏

262. 찹쌀떡 피를 만들 때 인절미를 찬물에 담그는 이유는?

① 피가 물러지게 하려고

② 모찌가 빨리 굳는 것을 방지하려고

③ 쫄깃하게 하려고

④ 빨리 굳게 하려고

해답 256.① 257.④ 258.① 259.① 260.③ 261.① 262.②

263. 감자떡을 만들 때 감자전분 10kg에 들어갈 찹쌀가루의 가장 적당한 양은?

    ① 2kg   ② 3kg

    ③ 4kg   ④ 5kg

264. 먹는 숯으로 찰떡을 할 때 쌀 10kg에 들어갈 숯의 양은?

    ① 10g   ② 20g

    ③ 30g   ④ 40g

265. 식용 숯으로 찰떡을 하는 방법으로 잘못된 것은?

    ① 1차 거칠게 빻는다.

    ② 숯을 가루에 바로 섞는다.

    ③ 숯을 물에 풀어서 쌀가루에 섞어준다.

    ④ 2차는 곱게 빻는다.

266. 손절편을 만드는 방법 중 쌀 10kg에 들어갈 알맞은 물의 양은?

    ① 1.2kg   ② 2.5kg

    ③ 3.5kg   ④ 4kg

267. 기계흰절편을 할 때 쌀 10kg에 들어가는 물의 양은?

    ① 1.5kg   ② 2.3kg

    ③ 2.8kg   ④ 3kg

268. 손절편을 만들 때 쌀 10kg에 들어가는 소금의 양은?

    ① 100g   ② 110g

    ③ 130g   ④ 150g

269. 손절편을 만들 때 스팀에 찌는 가장 알맞은 시간은?

    ① 다 익은 후 5분 정도   ② 다 익은 후 10분 정도

    ③ 다 익은 후 20분 정도   ④ 다 익은 후 30분 정도

270. 손절편을 만드는 방법이 아닌 것은?

    ① 곱게 2번 빻는다.   ② 물 반죽하여 거칠게 내린다.

    ③ 물 반죽하여 곱게 내린다.   ④ 떡이 익으면 빠르게 절구에 친다.

해답   263.③   264.②   265.②   266.③   267.②   268.③   269.①   270.③

271. 손절편을 만들 때 물 반죽하여 1번 더 거칠게 빻는 이유 중 거리가 먼 것은?

① 수분이 골고루 분포되어 잘 익게 하려고

② 스팀이 잘 올라오게 하려고

③ 뜸이 잘 들게 하려고

④ 떡을 부드럽게 하기 위해서

272. 기계절편을 만드는 방법 중 틀린 것은?

① 1차 기계를 조여 곱게 빻는다.　　② 물 반죽하여 거칠게 빻는다.

③ 물 양은 가래떡보다 많이 넣는다.　④ 곱게 2번 빻아서 물 반죽한다.

273. 증편을 만들 때 쌀10kg 들어가는 설탕의 양은?

① 1kg　　　　　　　　　　　② 1.5kg

③ 2kg　　　　　　　　　　　④ 2.5kg

274. 증편을 만드는 방법 중 쌀가루를 빻는 방법은?

① 기계를 조여서 곱게 1번 빻는다.

② 기계를 조여서 곱게 2번 빻는다.

③ 기계를 풀어서 1번 빻는다.

④ 기계를 풀어서 2번 빻는다.

275. 증편을 시루에 찔 때 가장 알맞은 시간은?

① 스팀을 넣고 30분 정도　　　② 스팀을 넣고 10분 정도

③ 스팀을 넣고 40분 정도　　　④ 스팀을 넣고 20분 정도

276. 증편에 스팀을 넣기 전에 꼭 해야 할 일이 아닌 것은?

① 증편 반죽을 쟁반에 평편하게 해 준다.

② 밤, 대추, 석이버섯 등으로 모양을 낸다.

③ 스팀을 약하게 하여 부풀어 오를 때까지 기다린다.

④ 흑임자를 뿌리고 기름칠을 한다.

277. 찰밥을 할 때 찹쌀 10kg에 들어가는 소금의 양은?

① 60g　　　　　　　　　　　② 80g

③ 100g　　　　　　　　　　④ 120g

해답　271.③　272.④　273.②　274.①　275.①　276.④　277.②

278. 찰밥을 할 때 찹쌀 10kg에 들어가는 물의 양은?

① 1kg   ② 2kg

③ 3kg   ④ 4kg

279. 찰밥에 소금을 넣는 방법으로 옳은 것은?

① 물에 녹여서 사용

② 굵은 소금을 그냥 넣는다.

③ 고운 소금을 그냥 넣어 사용

④ 맛소금을 넣어서 사용

280. 서리태설기를 할 때 멥쌀 10kg에 들어갈 서리태의 양은?

① 1kg   ② 3kg

③ 5kg   ④ 4kg

281. 서리태설기를 만드는 방법 중 틀린 것은?

① 1차 기계를 풀어서 빻는다.   ② 서리태를 넣고 1번 빻는다.

③ 서리태를 넣고 3번 빻는다.   ④ 스팀에 20분 정도 찐다.

282. 고구마설기를 할 때 고구마를 잘게 썰어 설탕물에 담그는 이유는?

① 당도를 높이기 위해   ② 마르지 않게 하기 위해

③ 산화방지를 위해서   ④ 으깨지는 것을 방지하기 위해서

283. 고구마설기를 만드는 방법이 아닌 것은?

① 주먹주먹 쥐어서 안친다.

② 고운가루에 설탕과 채친 고구마를 잘 섞어준다.

③ 시루에 채친 고구마를 깔고 가루를 조심스럽게 안친다.

④ 스팀에 20분 정도 찐다.

284. 잣설기를 만드는 방법 중 잘못된 것은?

① 멥쌀 10kg에 소금 120g를 넣어 거칠게 빻는다.

② 물과 잣을 적당히 넣어 거칠게 3번 더 빻는다.

③ 물을 넣고 체질한다.

④ 마지막으로 곱게 빻는다.

285. 설기 종류의 가루를 만들 때 체에 내리기 전 설탕을 넣는 이유가 아닌 것은?

① 가루가 질어지는 것을 방지하기 위하여

② 설탕이 골고루 잘 섞이게 하려고

③ 쌀가루를 건조시키기 위하여

④ 설탕이 가루 전체에 골고루 배어들어 숙성이 되게 하려고

286. 백설기를 할때 쌀 10kg에 들어갈 소금의 양은?

① 90g

② 100g

③ 110g

④ 120g

287. 멥쌀 5컵을 가루로 만들어 백설기를 하려한다. 소금의 양으로 알맞은 것은? (※단 1컵은 200㎖로 한다)

① 12g

② 24g

③ 36g

④ 48g

288. 백설기를 만드는 방법 중 옳지 않은 것은?

① 1차는 거칠게 빻는다.

② 물 반죽하여 2차는 곱게 빻는다.

③ 설탕을 쌀가루에 섞어서 고운 체에 내려준다.

④ 설탕은 쌀가루를 빻을 때 넣는다.

289. 멥쌀편을 얹었을 때 둘레가 깔끔하게 나오는 방법은?

① 시루의 둘레를 1번씩 두들겨 준다.

② 눌러서 안친다.

③ 평평하게 안친다.

④ 반죽을 질게 한다.

290. 녹두편 가루를 만드는 방법 중 틀린 것은?

① 쌀 10kg에 소금 120g를 넣는다.

② 1차로 거칠게 빻는다.

③ 물 반죽한 뒤 곱게 빻는다.

④ 물 양은 백설기 보다 적게 준다.

291. 흑미 멥쌀을 빻는 방법 중 아닌 것은? (※ 꽉 조여진 상태를 12시 방향으로 간주함)

① 1차 기계를 6시 방향으로 거칠게 빻는다.

해답 285.③ 286.④ 287.① 288.④ 289.① 290.④ 291.②

② 2차 물 반죽하여 12시 방향으로 조여서 곱게 빻는다.

③ 2차 물 반죽하여 9시 방향으로 거칠게 빻는다.

④ 3차 12시 방향으로 조여서 곱게 빻는다.

292. 흑미를 빻는 방법 중 틀린 것은?

① 1차는 거칠게 빻는다.　　　　② 물 반죽하여 거칠게 빻는다.

③ 1번만 곱게 빻는다.　　　　　④ 3차에 곱게 빻는다.

293. 흑미 멥쌀을 빻는 방법 중 물 반죽을 하는 가장 큰 이유는?

① 곱게 빻기 위해서

② 완전히 불지 않아서 불려주기 위해서

③ 물 반죽을 하지 않으면 빻을 수가 없어서

④ 잘 익혀주기 위해서

294. 멥쌀과 멥흑미로 떡을 할 때 멥쌀 : 멥흑미의 알맞은 비율은?

① 5 : 5　　　　　　　　　　　② 6 : 4

③ 10 : 3　　　　　　　　　　　④ 9 : 1

295. 현미인절미를 만들 때 시루에 안치는 방법 중 잘못된 것은?

① 시루에 가루를 한 번에 부어서 안친다.

② 주먹주먹 쥐어서 안친다.

③ 백미보다 약하게 쥐어서 안친다.

④ 2/3정도는 쥐어서 안치고 1/3은 부어서 안친다.

296. 현미찹쌀을 빻는 방법이다. 옳지 않은 것은?

① 곱게 1번 빻는다.

② 1차 거칠게 1번 빻아 물을 조금 섞어 준다.

③ 2차에 거칠게 빻는다.

④ 3차에 곱게 빻는다.

297. 날땅콩찰떡용 찹쌀가루를 만드는 방법 중 옳은 것은? (※꼭 조여진 상태를 12시 방향으로 간주함)

① 10시 방향으로 풀어서 빻는다.

② 11시 55분 방향으로 살짝 풀어서 빻는다.

해답　292.③　293.②　294.③　295.①　296.①　297.②

③ 곱게 2회 빻는다.

④ 거칠게 2회 빻는다.

298. 콩찰떡용 가루를 만드는 방법으로 옳은 것은? (※꽉 조여진 상태를 12시 방향으로 간주함)

① 기계를 12시 방향으로 조여서 곱게 빻는다.

② 기계를 11시 55분 방향으로 풀어서 1번 빻는다.

③ 기계를 12시 방향으로 조여서 2번 빻는다.

④ 기계를 11시 50분 방향으로 풀어서 2번 빻는다.

299. 쌀가루를 계량하는 방법이다. 다음 중 옳은 것은?

① 계량컵에 치면서 눌러 담는다.

② 자연스럽게 소복하게 담아 평편한 것으로 깎는다.

③ 계량컵을 체 아래에 놓고 직접 쳐서 담는다.

④ 계량컵 아랫부분부터 흔들면서 꼭꼭 채워 담는다.

300. 찹쌀가루로 떡을 만들 때의 설명 중 옳지 않은 것은?

① 익반죽은 가루를 끓은 물로 반죽하는 것이다.

② 익반죽에 반대되는 말은 날반죽이다.

③ 경단은 익반죽을 하면 늘어지지 않는다.

④ 찰시루떡은 끓는 물로 물을 주면 쉽게 익는다.

301. 전통찹쌀떡용 가루를 만드는 방법으로 옳은 것은? (※꽉 조여진 상태를 12시 방향으로 간주함)

① 12시 방향으로 조여서 빻는다.

② 11시 50분 방향으로 풀어서 1번 빻는다.

③ 12시 방향으로 조여서 2번 빻는다.

④ 11시 50분 방향으로 풀어서 2번 빻는다.

302. 찰시루떡을 만드는 방법 중 잘못된 것은?

① 찹쌀 10kg에 소금 110g를 넣는다.

② 기계를 약간 풀어서 1번만 빻는다.

③ 쌀을 곱게 2번 빻는다.

④ 익혀가며 한켜한켜 찐다.

해답 298.② 299.② 300.④ 301.① 302.③

303. 찰시루떡을 만드는 방법이다. 잘못된 것은? (※ 꽉 조여진 상태를 12시 방향으로 간주함)

① 11시 50분 방향으로 풀어서 1번 빻는다.

② 시루에 고물을 깔고 스팀을 올려준다.

③ 한꺼번에 안쳐서 찐다.

④ 스팀이 올라오면 한 켜 안쳐 익힌 다음, 다음 켜를 안친다.

304. 녹두반찰편을 찔 때 알맞은 방법은?

① 한꺼번에 안쳐서 찐다.

② 스팀이 올라오면 한켜한켜 안치며 찐다.

③ 스팀에 관계없이 안친다.

④ 스팀이 새어나가지 않게 누르면서 안쳐준다.

305. 대추찰떡을 찔 때 보자기를 덮어주는 시기는?

① 스팀이 올라오면 바로 덮는다.

② 아무 때나 덮는다.

③ 다 익은 것을 확인한 뒤 덮는다.

④ 무조건 10분 뒤에 덮는다.

306. 대추찰떡을 만드는 방법 중 잘못된 것은?

① 찹쌀 10kg에 소금 130g를 넣는다.

② 1차 곱게 빻는다.

③ 대추채를 넣고 거칠게 빻는다.

④ 물 반죽하여 거칠게 빻는다.

307. 녹두반찰편을 만드는 방법 중 잘못된 것은?

① 멥쌀과 찹쌀의 비율은 5 : 5로 한다.

② 1차 풀어서 빻는다.

③ 물 반죽하여 곱게 빻는다.

④ 곱게 한 번만 빻는다.

308. 깨편을 만드는 방법이다. 아닌 것은?

① 1차는 거칠게 빻는다.

② 알맞은 양의 물을 넣어 섞은 뒤 설탕을 넣는다.

③ 2차는 11시 30분 방향으로 빻는다.

④ 한 번만 곱게 빻는다.

해답 303.③   304.②   305.①   306.②   307.④   308.④

309. 콩찰떡을 만드는 방법으로 옳지 않은 것은?

① 흑설탕을 깔고 서리태를 뿌려준다.

② 2차 쌀가루를 안치고 서리태와 흑설탕을 뿌린다.

③ 스팀에 30분 정도 찐다.

④ 흑설탕과 서리태를 쌀가루에 섞어서 찐다.

310. 백년초찰떡을 하는 방법이다. 순서대로 배열한 것은?

> ㄱ. 찹쌀 10kg에 소금 120g를 넣는다.
> ㄴ. 기계를 조여 곱게 빻는다.
> ㄷ. 백년초 분말과 물을 넣어 섞어준다.
> ㄹ. 준비한 견과류 등을 넣어 잘 섞어준다.
> ㅁ. 기계를 풀어 거칠게 빻는다.
> ㅂ. 스팀에 20~30분 정도 찐다.

① ㄱ-ㅁ-ㄷ-ㄴ-ㄹ-ㅂ

② ㄴ- ㄱ- ㅁ- ㄷ- ㅂ- ㄹ

③ ㅂ-ㅁ-ㄹ-ㄷ-ㄴ-ㄱ

④ ㄱ- ㄴ- ㄷ- ㄹ- ㅁ- ㅂ

311. 백년초찰떡을 할 때 스팀에 너무 오래 찌면 생기는 현상으로 옳은 것은?

① 떡이 부드러워진다.

② 색상이 연해진다.

③ 떡이 빨리 굳어진다.

④ 떡이 쫄깃해진다.

312. 매생이찰떡을 할 때 가루를 만드는 방법 중 잘못된 것은?

① 1차 찹쌀을 거칠게 빻는다.

② 2차 곱게 빻는다.

③ 2차 매생이를 넣고 거칠게 빻는다.

④ 3차 곱게 빻는다.

313. 매생이찰떡을 할 때 시루에 안치는 방법으로 옳은 것은?

① 한켜한켜 익혀가며 안친다.

② 주먹주먹 쥐어서 안친다.

③ 켜켜로 한꺼번에 안쳐서 보자기를 덮어 익힌다.

④ 익히면서 조금씩 안친다.

314. 매생이를 이용하여 찰떡을 할 때 매생이 특유의 냄새를 중화시켜 주는 재료는?

① 호두

② 참깨

③ 땅콩

④ 잣

해답 309.④ 310.① 311.② 312.② 313.③ 314.②

315. 신선초를 이용하여 찰떡을 만드는 방법이 아닌 것은?

① 1차 기계를 풀어 거칠게 빻는다.

② 신선초분말과 물을 넣어 잘 섞어준다.

③ 2차 기계를 풀어서 빻는다.

④ 2차 기계를 조여서 빻는다.

316. 신선초찰떡에 들어가는 재료가 아닌 것은?

① 견과류   ② 통조림 밤

③ 해바라기 씨   ④ 팥

317. 밥을 할 때 식용유를 한 방울 정도 넣어주는 가장 큰 이유는?

① 밥맛이 좋게 하려고

② 밥 색상이 변하지 않게 하기 위해서

③ 밥이 질게 보이게 하려고

④ 밥의 뜸이 잘 들게 하려고

318. 약식을 만드는 방법으로 잘못된 것은?

① 1차 찹쌀을 5분 정도 찐다.

② 초벌로 찐 다음 소금, 설탕, 약식, 원료, 밤, 기름 순으로 넣는다.

③ 2차 30분을 찐 다음 잣, 대추, 설탕, 기름을 넣고 섞는다.

④ 1차에 모든 재료를 넣고 찐다.

319. 약식을 할 때 설탕을 먼저 넣고 비벼주는 가장 큰 이유는?

① 설탕이 녹지 않을 것 같아서

② 약식이 단맛과 색이 잘 살아나고 보존성을 높이기 위해서

③ 약식의 밥알이 잘 물러지게 하기 위해서

④ 당도를 높여주기 위해서

320. 약식 재료 중 캐러멜소스를 만드는 방법은?

① 백설탕을 물에 넣고 저어서 사용한다.

② 백설탕을 끓는 물에 끓여서 사용한다.

③ 백설탕을 볶음 솥에 조금씩 넣어가며 녹인다.

④ 물엿을 가열해서 사용한다.

321. 흑설탕을 이용해 떡을 만들 때 흑설탕의 조리방법은?

    ① 흑설탕 자체만 사용한다.

    ② 흑설탕에 옥수수전분을 섞어서 사용한다.

    ③ 흑설탕에 물 반죽하여 사용한다.

    ④ 백설탕에 색소를 넣어 사용한다.

322. 지지는 떡에 이용하는 기름으로 적당한 조건은?

    ① 동물성 기름이 좋다.

    ② 유리지방산의 함량이 낮은 것이 좋다.

    ③ 융점이 높은 것이 좋다.

    ④ 발연점이 낮은 것이 좋다.

323. 전분이 규칙적으로 바르게 배열되어 물이 침투되지 않는 결정상태를 무엇이라고 하는가?

    ① 아밀로펙틴구조   ② 미셀구조

    ③ 호화된 상태   ④ 노화된 상태

324. 쌀, 고구마, 밀 전분의 아밀로펙틴의 함량은 어느 정도인가?

    ① 18~30%   ② 40~50%

    ③ 70~80%   ④ 100%

325. 다음에서 아밀로펙틴으로만 구성된 것은?

    ① 멥쌀전분   ② 찹쌀전분

    ③ 옥수수전분   ④ 감자전분

326. 다음 중 아밀로펙틴에 대하여 잘못 설명한 것은?

    ① 포도당 8~16개 단위의 나선형 구조로 되어 있다.

    ② 노화가 쉽게 일어나지 않는다.

    ③ 아밀로오스보다 분자구조가 크고 복잡하다.

    ④ 결합형태가 알파1.4결합과 알파1.6결합으로 되어 있다.

327. 아밀로펙틴에 대한 설명으로 옳지 않은 것은?

    ① 측쇄의 포도당 단위는 알파1.6결합으로 연결되어 있다.

    ② 보통 1,000,000 이상의 분자량을 가졌다.

    ③ 보통 곡물에는 17~28%의 아밀로펙틴이 들어있다.

    ④ 베타아밀라아제에 의해 분해되어 한계 덱스트린을 생성한다.

해답 321.②   322.②   323.②   324.③   325.②   326.①   327.③

328. 아밀로오스, 아밀로펙틴이 호화와 노화에 미치는 영향으로 맞는 것은?

① 아밀로오스는 호화되기도 쉽지만 노화되기도 쉽다.

② 아밀로오스는 호화되기는 쉽지만 노화되기 어렵다.

③ 아밀로펙틴은 호화되기는 쉽고 노화되기가 어렵다.

④ 아밀로펙틴은 호화되기도 쉽고 노화되기가 쉽다.

329. 다음에서 요오드용액에 의해 청색정색반응을 일으키는 것은?

① 아밀로펙틴　　　　　　　　② 맥아당

③ 아밀로오스　　　　　　　　④ 덱스트린

330. 다음 중 아밀로펙틴은 요오드와 반응하여 포접화합물을 형성하지 않는다. 이때의 정색반응은?

① 적자색반응　　　　　　　　② 청색반응

③ 황색반응　　　　　　　　　④ 백색반응

331. 다음 중 아밀로오스에 대한 설명으로 틀린 것은?

① 요오드 용액에 적자색 반응을 보인다.

② 직쇄구조로 포도당 단위가 알파 1.4결합으로 되어있다.

③ 노화가 아밀로펙틴에 비하여 빠르다.

④ 아밀라아제에 의해 거의 맥아당으로 분해된다.

332. 전분이 호화됨에 따라 다음과 같은 성질에 변화가 생긴다. 그 이유로 타당하지 않은 것은?

① 팽윤에 의한 부피팽창　　　　② 아밀로오스의 콜로이드 물질화

③ 점도의 감소　　　　　　　　④ 아밀로펙틴의 불용성 겔화

333. 전분이 호화되면 다음과 같은 변화가 생긴다. 그 이유로 타당치 않은 것은?

① 팽윤에 의한 부피팽창　　　　② 아밀로오스는 더운물에 녹는 sol이 된다.

③ 점도의 감소　　　　　　　　④ 아밀로펙틴은 불용성의 gel이 된다.

334. 다음 전분에 대한 설명으로 옳지 않은 것은?

① 전분은 날것 상태로는 물에 녹지 않는다.

② 호화전분으로 된 식품은 생전분으로 된 식품보다 소화율이 좋다.

③ 전분은 무미무취의 백색 분말이다.

④ 전분은 물보다 가벼워 물 위에 뜬다.

335. 전분에 대한 설명으로 적절한 것은?

① 전분은 50℃에서 호화한다.

② 전분은 아밀로오스, 아밀로펙틴으로 이루어져 있다.

③ 전분은 이당류다.

④ 디아스타아제의 작용을 받지 않는다.

336. 다음은 전분의 호화에 대한 설명이다. 옳지 않은 것은?

① 소화되기 쉬운 형태로 호화된 전분은 알파전분, 생전분은 베타전분이다.

② 뜨거운 밥이나 구워진 떡은 알파전분, 식은 밥이나 굳은 떡은 베타전분이다.

③ 감자나 고구마 전분은 비교적 낮은 온도에서 호화를 시작하지만 옥수수나 밀은 보다 높은 온도가 필요하다.

④ 전분마다 물을 넣고 익혔을 때의 익기 시작하는 온도, 끈끈한 정도, 굳은 정도는 똑같다.

337. 전분의 설명으로 옳은 것은?

① 전분은 호화된 상태의 소화 흡수나 호화가 안 된 상태의 소화 흡수나 차이가 없다.

② 곡물의 전분을 현미경으로 본 구조는 모두 동일하다.

③ 전분은 아밀라아제에 의해서 분해되기 시작한다.

④ 전분은 물이 없는 상태에서도 호화가 일어난다.

338. 곡물과 전분에 대한 설명 중 옳은 것은?

① 곡물의 주성분은 지방질이다.

② 전분의 호화는 100℃ 이상에서만 시작된다.

③ 일반적으로 60℃ 이상의 온도에서 노화는 거의 일어나지 않는다.

④ 전분은 상온에서 물에 완전히 녹는다.

339. 냉수에 전분을 넣고 가열할 때 일어나는 변화 중 다음에서 맞는 것은?

① 교질용액에서 부유상태로 변화

② 진용액에서 교질용액으로 변화

③ 교질용액인 상태로 유지

④ 부유상태에서 교질용액으로 변화

340. 다음 중 알파전분과 베타전분의 차이에 관해서 옳은 것은?

① 찹쌀과 멥쌀의 차이   ② 떡과 밥의 차이

③ 호화전분과 생전분의 차이   ④ 아밀로오스와 아밀로펙틴의 차이

해답 335.② 336.④ 337.③ 338.③ 339.④ 340.③

341. 다음에서 전분의 호화와 같은 뜻이 아닌 것은?

① 전분의 알파화   ② 전분의 교질화

③ 전분의 베타화   ④ 전분의 젤라틴화

342. 감자나 고구마가 쌀보다 더 빨리 호화되는 이유는?

① 아밀로오스 함량이 감자나 고구마가 더 많기 때문이다.

② 아밀로펙틴 함량이 감자나 고구마가 더 많기 때문이다.

③ 감자나 고구마가 쌀보다 전분 입자가 크기 때문이다.

④ 수소이온 농도가 높기 때문이다.

343. 다음 중 곡물의 전분입자 크기가 가장 작은 것은?

① 감자전분   ② 고구마전분

③ 소맥전분   ④ 쌀전분

344. 다음 중 전분의 호화에 영향을 주는 요인이 아닌 것은?

① 전분의 종류   ② 단백질의 함량

③ 수분의 함량   ④ pH

345. 전분의 호화개시온도는?

① 36.5℃   ② 60℃

③ 80℃   ④ 100℃

346. 다음 중 전분의 호화 과정 중의 현상이 아닌 것은?

① 부피팽창   ② 용해현상의 증가

③ 점도감소   ④ 전분분자와 물 분자의 수소결합

347. 다음 중 알파전분이 아닌 것은?

① 쌀   ② 밥

③ 떡   ④ 빵

348. 찹쌀가루를 빻을 때는 아주 고운 것보다 어느 정도 입자가 있는 것이 떡을 만들 때 좋다. 그 이유로 타당하지 않은 것은?

① 수분의 함량이 높아 호화도가 더 좋다.

② 가루가 약간 굵은 것이 아주 고운 가루보다 빨리 굳지 않는다.

③ 찌는 시간이 적게 소요된다.

④ 큰 입자나 작은 입자는 붕괴의 정도가 같다.

349. 호화된 전분을 실온에 방치하였을 경우에 침전되어 규칙성 있는 입자로 변화하는 것은?

① 전분의 알파화

② 전분의 베타화

③ 전분의 젤라틴화

④ 전분의 교질화

350. 전분의 팽윤과 호화가 촉진되는 조건이 아닌 것은?

① 전분 입자가 크다.

② 수분이 많다.

③ 가열 온도가 높다.

④ 산성 물질을 첨가한다.

351. 다음은 쌀이 온도와 수침시간에 따라 호화에 미치는 영향을 설명한 것이다. 잘못된 것은?

① 수침시간이 1시간 정도면 호화개시온도는 73.2℃ 정도이다.

② 수침시간이 12시간 정도면 호화개시온도는 66℃ 정도이다.

③ 일반적으로 쌀이 수분을 흡수하는 속도는 온도가 높을수록 빠르다.

④ 온도와 수분흡수의 속도는 관계가 없다.

352. 멥쌀을 씻어 5시간 담갔다 건졌을 때 수분 흡수율은?

① 0~10%

② 10~20%

③ 20~30%

④ 30~40%

353. 찹쌀로 떡을 하면 물을 더 주지 않아도 쉽게 떡이 만들어지지만, 멥쌀의 경우는 수분을 보충해 주어야 한다. 이와 같이 찹쌀과 멥쌀의 수분 흡수율이 차이가 나는 이유는?

① 아밀로펙틴 함량 차이 때문이다.

② 빻았을 때 찹쌀과 멥쌀의 입자 크기가 다르기 때문이다.

③ 찹쌀에 아밀로오스 함량이 많기 때문이다.

④ 아밀로펙틴 함량이 멥쌀이 많기 때문이다.

> **◊ 참고**
> 찹쌀로 떡을 할 경우 침지 과정 중 멥쌀에 비해 10% 이상 높은 수분 흡수율을 보인다. 또한 스팀 과정 중에 전체 중량의 7% 이상의 수분을 더 흡수하여 떡을 할 때 물을 더 주지 않아도 쉽게 떡이 만들어 진다. 이에 비해 멥쌀은 물을 주지 않고 찌면 수분의 흡수가 거의 이루어지지 않아 수분을 보충해 줄 필요가 있다.

354. 일반적으로 알칼리성에서 전분의 호화 현상은?

① 촉진된다.

② 지연된다.

③ 동일하다.

④ 비슷하다.

해답 | 349.② 350.④ 351.④ 352.③ 353.① 354.①

355. 다음은 pH에 대한 설명이다. 옳지 않은 것은?

   ① pH는 용액 1ℓ 속 수소이온의 그램 이온수를 말한다.

   ② 물고기가 살 수 있는 담수는 pH 6.7~8.6이다.

   ③ 중성은 pH 7이다.

   ④ 알칼리성은 pH 7 이하이다.

356. 다음은 전분액의 pH에 대한 설명이다. 옳지 않은 것은?

   ① 전분액에 산을 첨가하면 가수분해를 일으켜 점도가 높아진다.

   ② 알칼리성을 첨가하면 전분의 팽윤과 호화가 촉진된다.

   ③ 전분의 현탁액에 가성소다를 가할 때는 그 농도가 충분하면 가열하지 않아도 호화가 일어난다.

   ④ 다량의 OH 이온은 전분의 호화를 촉진하고, 반대로 다량의 H 이온은 노화를 촉진한다.

357. 다음에서 전분의 호화와 같은 뜻이 아닌 것은?

   ① 전분의 알파화   ② 전분의 교질화

   ③ 전분의 젤라틴화   ④ 전분의 호정화

358. 다음 중 호화된 식품이 아닌 것은?

   ① 누룽지   ② 뜨거운 밥

   ③ 갓 구운 빵   ④ 뜨거운 군밤

359. 다음에서 전분의 호화과정이 아닌 것은?

   ① 수화현상   ② 팽윤현상

   ③ 콜로이드 용액 형성   ④ 미셀구조로 환원

360. 다음은 호화가 진행되는 상태를 설명한 것이다. 옳지 않은 것은?

   ① 전분립이 팽윤하기 시작한다.   ② 미셀구조가 된다.

   ③ 수분이 침투해 들어간다.   ④ 액체의 점도가 높게 된다.

361. 전분의 현탁액에 가성소다를 가할 때 그 농도가 충분하면 가열하지 않아도 호화가 일어나는데 그 이유는?

   ① 알칼리성을 첨가하면 전분의 팽윤과 호화가 촉진되기 때문에

   ② 산성을 첨가하면 전분의 팽윤과 호화가 촉진되기 때문에

   ③ 중성을 첨가하면 전분의 팽윤과 호화가 촉진되기 때문에

   ④ 가수분해를 일으켜 전분의 점도가 낮아지기 때문에

해답   355.④   356.①   357.④   358.④   359.④   360.②   361.①

362. 다음은 염류가 호화에 미치는 영향에 대한 설명이다. 맞는 것은?

① 황산염들은 노화를 억제한다.

② 고농도의 염화물들은 전분 현탁액을 실온에서 노화시킨다.

③ $MgSO_4$의 진한 용액에서 전분은 115℃까지 가열하여도 호화되지 않는다.

④ 묽은 염산 용액은 호화를 촉진한다.

363. 잘못 짝지어진 것은?

① 뜨거운 밥 – 알파형전분

② 쌀 – 호화전분

③ 밀가루 – 생전분

④ 딱딱하게 굳은 떡 – 베타형전분

364. 밥이 굳어지는 현상에 대한 설명으로 옳지 않은 것은?

① 알파형전분이 베타형전분으로 된다.

② 호화된 전분이 노화된 전분으로 된다.

③ 생전분이 호화된 전분으로 된다.

④ 수소결합에 의하여 전분분자가 합쳐진다.

365. 겨울철에 떡이나 밥이 쉽게 굳게 되는 이유는?

① 날씨가 추울 때는 수분의 증발이 많기 때문에

② 추운 날씨에 수분이 응결되기 때문에

③ 겨울철의 온도가 노화의 최적온도(0~5℃)가 많기 때문에

④ 베타형전분이 알파형전분으로 변하기 때문에

366. 다음은 전분에 관한 설명이다. 잘못된 것은?

① 쌀의 주성분이다.

② 단당류, 이당류, 다당류로 구분된다.

③ 물을 넣고 가열하면 점성을 가진다.

④ 100g당 4㎉의 에너지를 낸다.

367. 다음은 전분의 노화에 대한 설명이다. 틀린 것은?

① 알파화된 전분이 굳어지고 딱딱해지는 것을 전분의 노화현상이라 한다.

② 일단 노화된 전분은 효소의 작용을 받기 힘들어 소화가 잘 되지 않는다.

③ 떡의 노화정도는 실온 〉 냉장 〉 냉동 순이다.

④ 냉동하였을 때 노화가 지연되는 이유는 수분이 전분 분자사이에 존재하는 수소결합을 방해하기 때문에 전분 분자간의 결정화 즉 노화의 진행이 늦어진다.

368. 다음은 전분의 종류가 노화에 어떤 영향을 주는가를 설명한 것이다. 잘못된 것은?

① 아밀로오스는 곡선분자로 입체장애가 없기 때문에 노화되기 쉽다.

② 아밀로펙틴은 입체장애를 받는 분지상분자이기 때문에 잘 노화되지 않는다.

③ 찹쌀, 찰옥수수, 찰수수 등의 전분은 잘 노화되지 않는다.

④ 밀이나 옥수수의 전분은 가장 노화되기 쉽다.

369. 전분의 농도와 수분함량이 노화에 미치는 영향을 설명한 것이다. 옳지 않은 것은?

① 전분의 노화속도는 일반적으로 전분의 농도가 증가함에 따라 증가 한다.

② 수분함량이 60% 이상이거나 30% 이하의 경우에는 전분 분자들의 침전이 억제되므로 노화가 잘 일어나지 않는다.

③ 수분함량이 대단히 많고, 전분함량이 적을 때에도 노화되기 어렵다.

④ 수분 30~60% 정도가 가장 노화되기 쉬우며, 밥과 빵 등 대부분의 식품은 호화되기 쉬운 상태이다.

370. 양갱의 전분은 30~60%의 수분을 가지고 있어 노화가 잘 일어날 수 있는 조건임에도 불구하고 장기간 저장하여도 맛이나 소화력이 저하되지 않는다. 이유는 무엇인가?

① 수분함량이 많기 때문이다.　　　　　② 다량의 설탕이 첨가되어 있기 때문이다.

③ 수소이온농도가 높기 때문이다.　　　④ 급랭시켰기 때문이다.

371. 다음에서 온도가 노화에 미치는 영향이 잘못 설명된 것은?

① 고온일수록 노화는 느려지며, 60℃ 이상의 온도에서는 대부분이 노화하지 않는다.

② 가장 노화에 적합한 온도는 0℃이며, 냉장 중에서는 대단히 촉진된다.

③ 겨울철 떡이나 밥이 쉽게 굳는 이유는 겨울철 온도가 노화의 최적 온도이기 때문이다.

④ 노화는 일반적으로 0℃ 부근에서 일어나기 쉽고 30℃ 이상이나 −5℃ 이하에서는 노화가 잘 일어나지 않는다.

372. 노화방지를 위한 냉동법으로 잘못 설명된 것은?

① 쌀의 경우에는 과랭되는 경향이 있어 대략 −6.7℃ 이하로 냉각해야 냉동된다.

② 전분의 노화는 0℃보다 온도가 낮아져 −20~−30℃에 이르면 노화가 거의 일어나지 않는다.

③ 화된 식품의 노화를 억제하기 위하여 빙점 이하에서 냉동건조시키는 방법이 채택되고 있으며 이러한 방법을 이용한 식품으로는 냉동건조미 등이 있다.

④ 노화의 최적온도는 −5℃~0℃이다.

373. 비스킷류, 건빵류, 라면류 등과 같은 전분질 가공식품 속의 전분은 호화전분의 형태로 존재하나, 이들 식품은 장기간 두어도 노화되지 않는다. 그 이유로 가장 타당한 것은?

해답　368.① 　369.④ 　370.② 　371.④ 　372.④ 　373.①

① 수분함량이 낮다.   ② 아밀로펙틴함량이 많다.

③ 급랭시켰다.   ④ 수소이온농도가 높다.

374. 모노글리세라이드류, 다이글리세라이드류, 락트산의 유도체와 같은 유화제는 호화전분의 노화를 억제하여 준다. 그 이유로 타당하지 않는 것은?

① 이 유화제들이 전분의 교질용액의 안정도를 증가시킨다.

② 전분분자들의 침전 내지는 부분적인 결정질 영역의 형성을 방지한다.

③ 이와 같은 유화제들을 과다 사용하면 떡 피가 갈라질 수 있다.

④ 락트산의 유도체들은 노화방지를 위해서 밀가루에 중량으로서 0.1%~3.0% 가량 혼합시켜 사용한다.

375. 다음 중 노화를 억제하는 방법이 아닌 것은?

① 수분함량을 10~15% 이하로 감소시킨다.

② 급랭시킨다.

③ 설탕이나 유화제를 첨가한다.

④ 황산마그네슘과 같은 황산 염류를 첨가한다.

376. 노화의 방지책으로 적당하지 않는 것은?

① 알파형 전분 상태를 60℃ 이상으로 유지시킨다.

② 급속 냉동시킨다.

③ 설탕이나 유화제를 첨가한다.

④ 냉장고에 보관한다.

377. 전분의 노화에 영향을 주는 요인과 가장 거리가 먼 것은?

① 전분의 종류   ② 전분의 농도

③ 당의 종류   ④ 염류 또는 각종 이온의 함량

378. 다음은 노화에 대한 설명이다. 옳지 않은 것은?

① 밥을 오래 두면 굳어지는 현상을 노화라고 한다.

② 노화현상은 수분 함유량이 30~60%일 때 가장 잘 일어난다.

③ 노화현상은 온도 0~5℃ 일 때 가장 잘 일어난다.

④ 베타형 전분이 알파형 전분으로 변하는 것을 말한다.

379. 떡의 노화 속도에 대한 설명으로 옳지 않은 것은?

① 냉장 〉 실온 〉 냉동

② 노화가 가장 잘 일어나는 온도는 0~5℃이다
③ 60℃ 이상의 온도에서는 거의 노화가 일어나지 않는다.
④ 온도가 낮을수록 노화 속도가 반드시 증가한다.

380. 다음에서 알파전분이 베타전분으로 되돌아가는 현상은?

① 호화   ② 호정화
③ 노화   ④ 산화

381. 전분의 노화에 대한 설명으로 틀린 것은?

① 노화는 −18℃에서 잘 일어나지 않는다.
② 노화된 전분은 소화가 잘 되지 않는다.
③ 노화란 베타전분이 알파전분으로 되는 것을 말한다.
④ 노화는 전분분자끼리의 결합이 전분과 물 분자의 결합보다 크기 때문에 일어난다.

382. 급랭시킨 떡을 냉동고에서 꺼내어 두면 다시 말랑해지는 이유로 타당한 것은?

① 수분이 빙결정상태로 전분 분자 사이에 존재하는 수소결합을 방해하기 때문이다.
② 온도가 낮은 상태에서 갑자기 높아지기 때문이다.
③ 급랭과정에서 떡에 수분이 많이 침투하기 때문이다.
④ 얼었던 떡이 녹으면서 산소결합을 유도하기 때문이다.

383. 일반적으로 노화 방지에 가장 적합한 수분함량은?

① 15% 이하   ② 20~30%
③ 30~40%   ④ 40~60%

384. 쑥이나 수리취 등을 넣어 만든 절편이 일반 절편보다 더디게 굳는 이유는?

① 쑥이나 수리취 등에 포함된 식이섬유가 수분 결합력이 커 수분함량이 많아지기 때문이다.
② 아밀로펙틴함량이 많아지기 때문이다.
③ 아밀로오스함량이 많아지기 때문이다.
④ 쑥이나 수리취의 특유의 향 때문이다.

385. 라면은 호화시킨 가는 면의 덩어리를 140~150℃ 튀김유에서 60~90초 가량 튀겨 수분함량을 20% 전후에서 5.5~7.0%로 감소시켜 호화된 전분의 노화를 억제한다. 이와 같이 고열로 수분함량을 감소시켜 식품의 장기보관을 꾀하는 장기보관식품을 무엇이라 하는가?

① 인스턴트 식품   ② 레토르트 식품
③ HACCP 식품   ④ 호화 식품

해답 380.③   381.③   382.①   383.①   384.①   385.②

386. 전분의 노화를 억제하기 위한 방법이 아닌 것은?

① 수분함량을 30~60% 범위로 유지한다.

② 수분함량을 15% 이하나 제품을 빙점 이하로 보관

③ 설탕의 첨가

④ 유화제 사용

387. 다음 중 노화가 가장 촉진되는 온도는?

① 0℃~5℃

② -18℃ 이하

③ 60℃ 이상의 고온

④ 온도와 무관

388. 떡 생산 시 노화가 가장 지연되리라고 예상되는 원료 쌀 사용법은?

① 찹쌀만을 이용한 제품생산

② 아밀로펙틴 함량이 적은 쌀 품종을 이용

③ 찹쌀과 멥쌀 혼합 사용 제품 제조시 찹쌀보다 멥쌀의 함량을 증가 사용

④ 찹쌀과 멥쌀을 반반 사용

389. 팽윤된 전분이 수축되는 과정 즉 응집-조직화되는 현상을 무엇이라 하는가?

① 호화

② 노화

③ 승화

④ 팽화

390. 다음 중 전분의 노화를 촉진하는 화합물은?

① $CaCl_2$

② $ZnCl_2$

③ $MgSO_4$

④ KOH

391. 다음 중 떡 제품의 노화를 지연시키는 방법이 아닌 것은?

① 냉장보관

② 떡의 흡수성 증가

③ 떡의 보습성 증가

④ 60℃ 이상 고온 보관

392. 다음 중 pH가 노화에 미치는 영향을 말한 것 중 옳은 것은?

① 산성에서는 노화가 잘 일어나지 않는다.

② 다량의 H 이온은 전분의 수화를 촉진시키므로 노화를 방지시켜 준다.

③ 알칼리는 전분의 호화를 매우 강하게 촉진시켜주기 때문에 알칼리 상태에서는 노화가 잘 일어난다.

④ pH 7 이상인 알칼리성 용액에서는 노화가 잘 일어나지 않는 것으로 알려져 있고, H_2SO_4, HCl 등의 강산은 그 농도가 낮은 경우에도 노화속도를 증가시킨다.

해답 386.① 387.① 388.① 389.② 390.③ 391.① 392.④

393. 다음에서 노화에 염류, 또는 각종 이온의 영향을 설명한 것 중 잘못된 것은?

① 대부분의 염류, 염화칼슘($CaCl_2$), 염화아연($ZnCl_2$) 등은 호화를 촉진하고 노화를 억제한다.

② 황산마그네슘($MgSO_4$)과 같은 황산염은 노화를 촉진한다.

③ 다량의 OH 이온은 전분의 수화를 촉진시키므로 노화를 방지시켜 준다.

④ 수산화나트륨($NaOH$)은 노화를 촉진한다.

394. 다음은 당류가 전분의 호화에 미치는 영향에 대한 설명이다. 옳지 않은 것은?

① 농도가 매우 낮을 때는 전분의 호화에 거의 영향을 미치지 않는다.

② 20% 이상, 특히 50% 이상의 당은 혼합물 속의 물 분자와 설탕의 수화로 팽윤을 억제하여 호화를 지연시킨다.

③ 조리 후 설탕을 첨가하면 호화에 영향을 미치지 않는다.

④ 조리 후 설탕을 첨가하여도 호화에 영향을 미친다.

제2편***
식품재료학

제 1 장 떡의 재료와 특성

제 1 절 곡물류

1. 벼의 구성으로 옳은 것은?
① 현미 50%, 왕겨층 50%
② 현미 60%, 왕겨층 40%
③ 현미 80%, 왕겨층 20%
④ 현미 95%, 왕겨층 5%

2. 곡류가 가장 많이 함유하고 있는 성분은?
① 단백질   ② 지질
③ 탄수화물   ④ 회분

3. 다음 중 곡류가 아닌 것은?
① 조   ② 수수
③ 율무   ④ 콩

4. 왕겨층에 대한 설명으로 옳은 것은?
① 가장 바깥껍질로 이 부위를 벗겨내면 현미가 된다.
② 낱알의 주된 부분으로 가식부이다.
③ 불포화지방산과 비타민 B_1을 다량으로 함유하고 있다.
④ 이 부위를 벗기지 않으면 현미가 된다.

5. 멥쌀과 찹쌀의 특징을 설명한 것으로 옳은 것은?
① 멥쌀은 찹쌀보다 점성이 강하다.
② 멥쌀은 아밀로펙틴 20%, 아밀로오스 80%로 구성되어 있다.
③ 찹쌀은 주로 떡을 만들 때 쓰인다.
④ 찹쌀 가공품으로는 술, 식초, 식혜 등이 있다.

6. 현미 도정율이 증가함에 따라 영양성분의 변화 중 옳지 않은 것은?
① 비타민의 손실이 커진다.   ② 소화율이 증가한다.
③ 수분흡수시간이 점차 빨라진다.   ④ 탄수화물의 비율이 감소한다.

해답 1.③ 2.③ 3.④ 4.① 5.③ 6.④

7. 다음 중 오곡은 ?

① 쌀, 보리, 콩, 조, 수수   ② 쌀, 보리, 콩, 조, 기장

③ 쌀, 보리, 콩, 팥, 녹두   ④ 쌀, 보리, 팥, 녹두, 조

8. 정월대보름에 지어먹는 오곡밥은 다섯 가지 곡식을 섞어 지은 밥이다. 여기서 다섯 가지 곡식은?

① 쌀, 보리, 콩, 조, 기장

② 쌀, 보리, 콩, 조, 수수

③ 찹쌀, 차조, 찰수수, 검정콩, 붉은팥

④ 찹쌀, 보리, 콩, 조, 찰수수

9. 떡용 쌀에 대한 설명으로 가장 알맞은 것은?

① 인디카종 쌀을 이용해야 노화가 지연된다.

② 자포니카종 쌀을 이용해야 노화가 지연된다.

③ 자포니카종과 인디카종 쌀이 반반 혼합되어 있는 쌀이 노화를 지연시킨다.

④ 쌀의 종류와 노화와는 관계가 없다.

10. 쌀을 오래 저장하면 냄새가 난다. 쌀의 어떤 성분이 변질되었는가?

① 전분   ② 단백질

③ 지방   ④ 섬유질

11. 강화미에 대한 설명으로 옳지 않은 것은?

① 재배 당시부터 영양소를 첨가시킨 쌀이다.

② 특히 비타민 B군을 첨가시켰다.

③ 도정과정이나 쌀 세척과정에서의 배아손실을 줄이기 위해 만들어졌다.

④ 쌀을 고압으로 가열하여 압출한 것이다.

12. 쌀의 도정률과 감량을 짝지은 것이다. 틀린 것은?

① 백미 - 92, 8.0   ② 7분도정 - 100, 0

③ 5분도정 - 96, 4.0   ④ 현미 - 100, 0

13. 현미 1000g을 도정하여 10분도미를 만들면 생산되는 양은 얼마나 되는가?

① 920g   ② 940g

③ 960g   ④ 980g

해답   7.②   8.③   9.②   10.③   11.④   12.②   13.①

14. 다음에서 쌀의 수분 흡수율이 잘못된 것은?

    ① 흑미멥쌀 – 16%

    ② 현미찹쌀 – 28%

    ③ 멥쌀 – 28%

    ④ 찹쌀 – 45%

15. 현미 1000g을 도정하여 10분도미를 만들면 생산되는 양은 얼마나 되는가?

    ① 920g   ② 940g

    ③ 960g   ④ 980g

16. 찹쌀에 대한 설명으로 옳지 않은 것은?

    ① 요오드용액에 넣으면 갈색으로 변한다.

    ② 수침하면 40% 정도의 수분을 흡수한다.

    ③ 아밀로오스 80%와 아밀로펙틴 20%를 함유하고 있어 찰진 성질을 가지고 있다.

    ④ 아밀로펙틴 100%로 찰진 성질을 가지고 있다.

17. 인조미란?

    ① 밥이 뜨거울 때 고온으로 건조한 쌀이다.

    ② 고압으로 가열하여 압출한 쌀이다.

    ③ 고구마전분 : 밀가루 : 외쇄미를 5 : 4 : 1의 비율로 혼합한 것이다.

    ④ 왕겨층만 벗겨낸 쌀로 영양분이 많다.

18. 찹쌀에 대한 설명으로 옳지 않은 것은?

    ① 찰떡, 인절미의 재료로 이용된다.

    ② 아밀로펙틴만으로 구성되어 찰지고 소화가 잘 된다.

    ③ 비타민 E의 함량이 백미보다 6배 가량 많다.

    ④ 식이섬유가 부족해 다른 재료와 함께 사용해야 한다.

19. 보리에 대한 설명으로 알맞은 것은?

    ① 쌀에 비해 비타민, 단백질, 지질의 함량이 높다.

    ② 섬유질이 적어 소화율이 높다.

    ③ 할맥은 보리골의 섬유소를 제거한 것으로 소화율이 낮다.

    ④ 단맥아는 엿의 제조에 이용한다.

해답 | 14.④   15.①   16.③   17.③   18.④   19.①

20. 글루텐의 주된 구성성분은?

    ① 알부민, 글루테닌

    ② 글루테닌, 글리아딘

    ③ 글루테닌, 글로불린

    ④ 글리아딘, 글로불린

21. 밀에서 2~3%를 차지하며 발아하는 부위는?

    ① 배아   ② 껍질

    ③ 내배유   ④ 속껍질

22. 밀가루 배합 시 글루텐은 무엇과 결합하여 형성되는가?

    ① 수분   ② 지방

    ③ 설탕   ④ 소금

23. 밀알의 구조를 3부분으로 나누었을 때 해당되지 않는 것은?

    ① 배아   ② 세포

    ③ 내배유   ④ 껍질부위

24. 다음 중 밀의 내배유 비율은?

    ① 2~3%   ② 14%

    ③ 70%   ④ 83%

25. 다음 중 맥류가 아닌 것은?

    ① 밀   ② 보리

    ③ 메밀   ④ 귀리

26. 보리를 압맥으로 만드는 이유는?

    ① 도정의 용이   ② 저장성 향상

    ③ 소화율 향상   ④ 영양소 손실 방지

27. 단백질과 수분이 풍부하여 된장, 청국장, 두유 등의 원료가 되는 콩은?

    ① 완두콩   ② 강낭콩

    ③ 대두   ④ 동부

해답   20.②   21.①   22.①   23.②   24.②   25.③   26.③   27.③

28. 완두콩에 대한 설명으로 틀린 것은?

① 이뇨작용이 뛰어나 체내의 불필요한 수분을 배출시킨다.

② 위장을 편안하게 해주며 숙취에 좋다.

③ 피부를 매끄럽게 해주고 야맹증에 효과가 있다.

④ 비타민 A가 풍부하다.

29. 녹두에 대한 설명으로 틀린 것은?

① 콩이나 팥보다 파종기간이 길다.

② 전분이 53%, 단백질이 25~26% 함유되어 있다.

③ 해독 및 해열 기능이 있고 피부병 치료에도 사용한다.

④ 일반 곡류에 부족한 트레오닌과 함황 아미노산이 많다.

30. 서리 맞은 후 늦게 수확했다고 하여 이름 붙여진 콩은?

① 동부 ② 서리태

③ 녹두 ④ 서목태

31. 다음 중 두류가 아닌 것은?

① 검은콩 ② 완두

③ 녹두 ④ 잣

32. 팥과 대두를 비교한 설명 중 잘못된 것은?

① 대두는 팥보다 지방과 단백질 함량이 낮다.

② 팥은 대두보다 전분 함량이 높다.

③ 대두는 팥보다 같은 조건에서 수분 흡수 속도가 빠르다.

④ 팥은 대두보다 같은 조건에서 침지시간이 길게 요구된다.

33. 장의 주원료로 쓰이며, 삶거나 가루로 먹으면 비장을 튼튼하게 하고 습기를 없애주며 혈을 보하고 해독의 효능이 있다. '이것'은 무엇인가?

① 완두콩 ② 노란콩

③ 밤콩 ④ 푸른콩

34. 리놀산과 비타민E 등이 들어있는 콩으로, 궁중에서는 장을 담을 때 '이것'을 사용하기도 했다. '이것'은 무엇인가?

① 검은콩 ② 밤콩

③ 노란콩 ④ 완두콩

해답 28.① 29.④ 30.② 31.④ 32.① 33.② 34.①

35. 다음 중 수수도가니에 적합한 콩은?

① 풋콩　　　　　　　　　　　　② 밤콩

③ 서리태　　　　　　　　　　　　④ 강낭콩

제 2 절 채소류

36. 다음 중 채소류가 아닌 것은?

① 호박　　　　　　　　　　　　② 쑥

③ 근대　　　　　　　　　　　　④ 사과

37. 엽채류에 대한 설명으로 틀린 것은?

① 수분과 섬유소를 많이 함유하고 있다.

② 잎 부분을 주로 먹는 채소류이다.

③ 푸른잎의 색이 짙을수록 비타민 C의 함량이 크다.

④ 무기질, 비타민이 풍부하여 철분과 비타민의 중요 공급원이다.

38. 채소 조리시 주의할 점으로 옳은 것은?

① 소금은 재료의 수분을 보존해 준다.

② 채소를 삶을 때는 재료의 5배의 물을 사용한다.

③ 많은 양의 물로 장시간 조리한다.

④ 채소를 가열, 조리하면 소화가 어렵다.

39. 채소를 전처리(blanching) 하는 이유는?

① 부피 증가 효과를 기대하기 위해

② 본래 색상보다 흐린 색을 얻기 위해

③ 비타민 C의 손실을 방지하기 위해

④ 아삭한 식감을 즐기기 위해

해답　35.④　36.④　37.③　38.②　39.③

40. 쑥을 데쳐 냉동보관하려 한다. 푸른빛을 유지하려면 어떻게 삶는 것이 좋은가?

① 식초물에 삶는다.

② 식소다물에 삶는다.

③ 색이 날아가지 않게 뚜껑을 덮고 삶는다.

④ 중성을 유지하며 삶는다.

41. 쑥을 삶는 방법으로 알맞은 것은?

① 끓는 물에 살짝 데친다.

② 소금만 넣어서 살짝 삶는다.

③ 소금과 소다를 사용하여 무르게 삶는다.

④ 끓는 물에 오래오래 삶는다.

42. 다음 중 쑥떡을 만드는 데 옳은 설명이 아닌 것은?

① 쌀의 산성이 중화된다.

② 쌀에 없는 비타민이 보충된다.

③ 쌀가루에 쑥을 섞어 떡을 하면 열량이 높아진다.

④ 떡의 수분보유율이 증가하여 잘 굳지 않는다.

43. 다음은 수리취절편에 관한 설명이다. 옳지 못한 것은?

① 수리취는 억센 것이 향이 좋아 쓰기에 좋다.

② 수리취절편은 주로 단오에 만들어 먹는다.

③ 떡살의 문양이 수레바퀴 모양 같아 차륜병이라고도 한다.

④ 수리취는 여러해살이풀이다.

44. 다음은 무에 대한 설명이다. 옳지 않은 것은?

① 떡에 섞어 찌면 디아스타제라는 효소가 있어 소화율을 상승시킨다.

② 무 속이 껍질보다 비타민 C의 함량이 낮다.

③ 기침에 효과가 있다.

④ 동치미와 같이 먹으면 떡의 알칼리성을 중화시킨다.

45. 여름철 '이것'을 말려 먹으면 무더위를 이기게 해줄 뿐 아니라 냉방병을 치료하는 약이 된다. 변비를 치료하거나 직장암을 예방하는 작용을 하는 '이것'은 무엇인가?

① 호박   ② 무

③ 칡   ④ 대추

해답   40.②   41.③   42.③   43.①   44.④   45.②

46. 다음 중 서류가 아닌 것은?

① 고구마   ② 잣

③ 마   ④ 토란

47. 버섯 중 예로부터 떡에 이용하던 것은?

① 표고버섯   ② 느타리버섯

③ 송이버섯   ④ 석이버섯

48. 노두가 길고, 몸통이 구슬처럼 동그랗고, 가늘고 긴 뿌리가 내린 산삼을 무엇이라 하는가?

① 장뇌삼   ② 천종

③ 가삼   ④ 미삼

49. 수삼과 백삼을 설탕액이나 꿀에 재어 제조한 것은 무엇이라 하는가?

① 홍삼   ② 당삼

③ 인삼정   ④ 인삼주

50. 녹색채소의 조리 시 '이것'을 제거하기 위해 뚜껑을 열고 단시간 데쳐 바로 찬물에 헹군다. 불미성분인 '이것'은 무엇인가?

① 비타민 D   ② 황산

③ 수산   ④ 염소

51. 칡에서 뽑아낸 전분으로 떡과 과자에 다양하게 이용하는 것은?

① 회분   ② 전분

③ 갈분   ④ 맥아분

해답   46.②   47.④   48.②   49.②   50.③   51.③

제 3 절 과일류

52. 다음 중 인과류인 것은?

① 감   ② 사과

③ 살구   ④ 포도

53. 복숭아, 매실, 살구, 대추 등은 어디에 속하는가?

① 핵과류   ② 장과류

③ 준인과류   ④ 견과류

54. 과일에서 가장 많은 성분을 차지하는 것은?

① 수분   ② 단백질

③ 지방   ④ 당분

55. 대추의 주성분인 '이것'은 근력강화에 효과적이다. '이것'은 무엇인가?

① 당질   ② 칼슘

③ 단백질   ④ 비타민

56. 감의 떫은맛은 다음 성분 중 무엇인가?

① 유황화합물   ② 카페인

③ 캡사이신   ④ 탄닌

57. 다음 중 유자에 대한 설명으로 옳지 않은 것은?

① 유자차가 감기에 좋은 것은 비타민 C의 함량이 높기 때문이다.

② 헤스페리딘이란 성분이 모세혈관을 보호하는 역할을 한다.

③ 껍질과 과육의 비타민C 함량이 비슷하다.

④ 비타민A의 전구체인 카로틴이 많아 피로회복에 좋다.

58. 대추 열매의 주성분은 (　　　)이며, 철분 또한 많이 함유되어 있어 빈혈 예방에도 도움이 된다. 괄호에 들어갈 영양소로 옳은 것은?

① 당질   ② 칼슘

③ 단백질   ④ 비타민

59. 다음은 은행에 대한 설명이다. 틀린 것은?

해답   52. ②   53. ①   54. ①   55. ①   56. ④   57. ④   58. ①   59. ①

① 잘 익은 것일수록 청산배당체의 함량이 높다.
② 하루에 수십 알 이상 먹지 않는 것이 좋다.
③ 은행의 독성은 익히면 감소된다.
④ 야뇨증에 효과가 있다.

60. 다음에서 설명하는 과일은?

> ㄱ. 단단한 껍질 안에 씨앗이 들어있다.
> ㄴ. 공손수, 압각수라고도 한다.
> ㄷ. 단자에 이용하면 특유의 맛과 색이 있다.
> ㄹ. 청산배당체가 있어 하루에 수십 알 이상 먹으면 좋지 않다.

① 밤 ② 호두
③ 율무 ④ 은행

61. 은행을 볶을 때 '이것'을 첨가하면 냄새가 덜 나고 은행산을 중화시킬 수 있다. '이것'은 무엇인가?

① 소금 ② 식초
③ 참기름 ④ 들기름

> ◊ **참고**
> 은행은 좁혀진 혈관을 확장시키고 혈관의 경련을 막아주며 혈액응고를 지연시키는 작용을 한다. 또한 고혈압, 동맥경화, 뇌졸중의 예방, 구충효과가 있다.

62. 표피를 제거한 밤은 '이것'을 섞은 쌀뜨물에 30분 이상 담궈 놓으면 색이 변치 않는다. '이것'은 무엇인가?

① 설탕 ② 식초
③ 소금 ④ 꿀

제 4 절 주요견과류

63. 다음 중 견과류가 아닌 것은?

① 잣 ② 밤
③ 호두 ④ 원두

해답 60.④ 61.① 62.② 63.④

64. 다음 중 견과류가 아닌 것은?

① 땅콩   ② 호두

③ 은행   ④ 도토리

65. 실백에 대한 설명 중 알맞은 것은?

① 딱딱한 껍질을 깐 알맹이 잣   ② 잣을 점잖게 이르는 말

③ 잣의 속껍질까지 벗긴 것   ④ 잣을 반으로 가른 것

66. 잣의 다른 명칭이 아닌 것은?

① 송자   ② 백자

③ 임자   ④ 해송자

67. 견과류 중 가장 산화되기 쉬워 보관에 주의해야 하는 것은?

① 아몬드   ② 땅콩

③ 밤   ④ 잣

68. 밤에 대한 설명으로 틀린 것은?

① 한국 밤은 서양 밤에 비해 육질이 좋고 단맛이 강하다.

② 스위트와 비터 2종류가 있다.

③ 발육과 성장에 도움을 준다.

④ 위장기능을 강화하는 효소가 들어있다.

제 5 절 물

69. 물에 대한 설명으로 옳지 않은 것은?

① 산소와 수소의 화합물이다.

② 100℃에서는 증기가 되고 0℃ 이하에서는 얼음이 된다.

③ 생물의 생존과 관련해 꼭 필요한 것이다.

④ 제병에 쓰이는 물은 일부이므로 까다롭게 고를 필요가 없다.

70. 연수의 범위는?

① 60~120ppm   ② 0~60ppm

③ 120~180ppm   ④ 180ppm 이상

해답   64.③   65.③   66.③   67.②   68.②   69.④   70.②

71. 일시적 경수에 대한 설명 중 옳은 것은?

　　① 가열에 의해 탄산염이 침전되는 물

　　② 가열에 의해도 탄산염이 침전되지 않는 물

　　③ 가열에 의해 황산염이 침전되는 물

　　④ 끓여도 경도가 변하지 않는 물

72. 물의 여과에 관한 설명이다. 옳지 않은 것은?

　　① 물에 들어있는 불순물을 제거하는 것을 여과라 한다.

　　② 일반적으로 모래 여과기를 사용한다.

　　③ 유기물을 걸러내는 데에는 활성탄소를 사용한다.

　　④ 맛과 냄새는 여과하기 어렵다.

73. 물의 연화방법 중 설명이 옳지 않은 것은?

　　① 양이온 교환법 – 나트륨비석과 수소비석을 사용해 물을 연화시키는 방법

　　② 석회·소다법 – 탄산수소칼슘과 마그네슘을 석회, 소다와 반응시켜 침전시키는 방법

　　③ 증류법 – 자연적인 증발을 통해 물을 연화시키는 가장 실용성이 높은 방법

　　④ 음이온 교환법 – 교환수지에 산을 흡착시켜 물을 연화시키는 방법

제 6 절 소금

74. 다음 중 일반 식염의 구성 원소는?

　　① 나트륨, 염소　　　　　　　　② 칼슘, 탄소

　　③ 마그네슘, 염소　　　　　　　④ 칼륨, 탄소

75. 쌀가루를 빻을 때 주로 사용하는 소금은?

　　① 꽃소금　　　　　　　　　　② 죽염

　　③ 호렴　　　　　　　　　　　④ 암염

76. 천연으로 땅 속에 층을 이루고 있던 것을 제염한 소금은?

　　① 암염　　　　　　　　　　　② 정제소금

　　③ 해염　　　　　　　　　　　④ 꽃소금

해답　71.①　72.④　73.③　74.①　75.③　76.①

77. 떡 제조시 소금의 사용량으로 옳은 것은?

① 쌀가루 대비 1%　　　　　　② 쌀가루 대비 3%

③ 쌀가루 대비 7%　　　　　　④ 쌀가루 대비 9%

제 7 절 감미료

78. 다음 중 감미도의 기준이 되는 것은?

① 설탕　　　　　　　　　　② 맥아당

③ 과당　　　　　　　　　　④ 포도당

79. 다음 당에 대한 설명 중 틀린 것은?

① 당은 식품의 보습성을 좋게 한다.

② 물엿은 쉽게 얻을 수 있는 천연 감미료이다.

③ 사용량에 따라 식품에 저장력을 준다.

④ 감미도의 기준은 설탕이다.

80. 다음 중 모찌를 만들 때 원료의 특징으로 옳지 않은 것은?

① 말토오스는 당의 재결정을 방지하며 설탕보다 감미가 높다.

② 아밀라아제는 전분의 노화를 방지한다.

③ 유화제로 쓰는 모노글리세라이드가 떡의 갈라짐의 원인이 되기도 한다.

④ 물엿은 떡에 보형성과 고화성을 준다.

81. 전분원을 이용해 만드는 감미제는 무엇인가?

① 설탕　　　　　　　　　　② 과당

③ 꿀　　　　　　　　　　　④ 물엿

82. 물엿에 대한 설명으로 옳지 않은 것은?

① 아스파르산과 페닐알라닌 2종류의 아미노산으로 이루어진 감미료이다.

② 인공적으로 만들어진 꿀이다.

③ 점도에 따라 묽은 조청과 된 조청으로 분류한다.

④ 떡을 촉촉하게 유지해주는 성질이 있다.

83. 다음 영양소 중 우리 몸에서 먼저 분해가 되기 시작하는 것은?

① 단백질
② 지질
③ 당질
④ 비타민

84. 설탕 대신 떡에 감미를 주는 재료로 농축한 감미와 풍미를 가지는 것으로 수크라아제에 의해 과당과 포도당으로 분해되는 '이것'은 무엇인가?

① 맥아당
② 자당
③ 과당
④ 포도당

85. '이것'의 주성분인 포도당과 과당은 더 이상 분해되지 않는 단당류로 소화흡수가 좋고, 즉시 에너지로 변하기 때문에 피로회복에 특히 좋다. '이것'은 무엇인가?

① 칡
② 꿀
③ 생강
④ 인삼

> **◎ 참고**
> 꿀에 들어있는 비타민과 미네랄은 혈액을 알칼리성으로 유지하는 작용을 하므로 내장이나 혈관을 튼튼하게 해주며, 판토텐산은 노화방지에 도움을 준다. 여러 가지 성인병 예방 효과가 있고 조혈작용이 있는 엽산과 철분도 풍부해 빈혈에도 좋다. 그 밖에 정장작용이 있기 때문에 설사나 변비에 모두 효과가 있다. 술을 마신 뒤 꿀을 먹으면 회복이 빠르다 감기로 인해 기침을 할 때나 목이 아플 때도 효과가 크다.

86. 인류가 가장 오래 이용해 온 천연감미료는?

① 설탕
② 꿀
③ 엿
④ 물엿

87. 다음 당질 중 단맛을 느낄 수 없는 것은 무엇인가?

① 전분
② 자당
③ 물엿
④ 올리고당

88. 개성경단과 개성주악을 집청할 때 적합한 것은?

① 꿀
② 물엿
③ 조청
④ 캐러멜소스

89. 점조성이 있어 떡을 촉촉하게 유지하고, 굳지 않게 하는 데 이용되는 것은?

① 설탕
② 물엿
③ 꿀
④ 조청

해답 83.③ 84.② 85.② 86.② 87.① 88.③ 89.②

90. 다음 중 사탕수수에 의해 얻어지는 당은?

① 포도당   ② 과당

③ 갈락토오스   ④ 설탕

91. 전화당에 대한 설명으로 틀린 것은?

① 포도당과 과당이 50%씩 함유되어 있다.

② 설탕을 분해해서 만든다.

③ 포도당과 과당이 혼합된 이당류이다.

④ 수분이 함유된 것이 전화당 시럽이다.

92. 거친 설탕 입자를 마쇄하여 고운 눈금을 가진 체를 통과시킨 후 덩어리 방지제를 첨가한 제품은?

① 액당   ② 분당

③ 전화당   ④ 포도당

제 8 절 향신료

93. 향신료를 사용하는 목적으로 옳지 않은 것은?

① 향기를 부여하여 식욕을 증진시킨다.

② 육류나 생선의 냄새를 완화시킨다.

③ 매운맛과 향기로 혀, 코, 위장을 자극하여 식욕을 억제시킨다.

④ 제품에 식욕을 불러일으키는 색을 부여한다.

94. 다음 중 향신료가 아닌 것은?

① 카다몬   ② 올스파이스

③ 카라야검   ④ 시나몬

95. 향신료의 특성이 잘못 연결된 것은?

① 정향 – 육두구과 교목의 열매를 건조시킨 것으로 넛멕과 메이스를 얻을 수 있다.

② 박하 – 박하의 잎사귀에서 얻는 향신료로 식용은 페퍼민트와 스피아민트이다.

③ 계피 – 녹나무과의 상록수 껍질을 벗겨 만든 향신료로 인도의 실론에서 생산되는 계피는 시나몬, 중국은 카시아라고 한다.

④ 생강 – 다육질의 뿌리로 매운맛과 특유의 향을 가지고 있다.

해답   90.④   91.③   92.②   93.③   94.③   95.①

제 9 절 착색료

96. 천연재료로 색을 내는 이유는?
① 저렴한 비용으로 선명한 색을 내기 위해
② 저품질의 제품을 돋보이게 하기 위해
③ 전통방식을 이용한 자연스러운 색상을 얻기 위해
④ 많은 제품을 생산해 고객을 끌기 위해

97. 천연재료의 색소와 색을 짝지은 것 중 옳지 않은 것은?
① 보라색 – 자색고구마, 블루베리, 흑미   ② 초록색 – 쑥, 녹차가루, 뽕잎
③ 갈색 – 캐러멜소스, 갈근가루   ④ 빨간색 – 적채, 비트, 울금

98. 식품첨가물의 사용목적이 아닌 것은?
① 외관을 좋게 한다.   ② 생리기능을 증진시킨다.
③ 변질을 방지한다.   ④ 기호성을 증진시킨다.

99. 다음에서 지용성 색소는?
① 치자   ② 오미자
③ 지초   ④ 비트

100. 다음 중 식물성 색소가 아닌 것은?
① 클로로필   ② 안토시안
③ 헤모글로빈   ④ 플라보노이드

101. 백년초 가래떡을 만들 때 백년초의 색상이 변하지 않도록 첨가해주는 재료는?
① 분홍 식용색소   ② 딸기 분말
③ 팥 삶은 물   ④ 빨간 식용색소

102. 식용색소의 구비조건이 아닌 것은?
① 인체에 독성이 없을 것   ② 체내에 축적이 되지 않을 것
③ 물리, 화학적 변화에 쉽게 분해될 것   ④ 미량으로 착색효과가 클 것

103. 다음 식용색소에 대한 설명 중 잘못된 것은?
① 타르색소는 석탄건류 부산물인 석탄타르에 들어있는 벤젠이나 나프탈렌으로부터 합성

해답   96.③   97.④   98.②   99.③   100.③   101.②   102.③   103.②

한 것이다.

② 식품첨가물공전에서 청색 1호, 적색 3호, 황색 4호는 사용가능 색소이고, 적색2호는 사용불가능 색소였으나 2008년 금지에서 제외되었다.

③ 타르색소는 인체 내의 소화효소 작용을 저해하고 간이나 위 등에 장애를 일으키며 최근에는 타르색소의 발암물질이 보고되고 있다.

④ 색소는 일광이나 열에 의해서 변화되는 것과 산과 알칼리에 의하여 변화되는 것이 있기 때문에 그 성질을 참작하여 식품에 따라 적당한 색소를 선택할 필요가 있다.

104. 다음 중 색소의 종류에 대해 잘못 말한 것은?

① 염료는 물, 알코올, 오일 등에 용해되어 색상을 내는 물질이다.

② 안료는 물, 알코올, 오일 등에 용해되지 않으며 색상을 내는 물질이며 불용성이기 때문에 입술 등에 물든다.

③ 수용성염료는 물에 녹는 것이고, 지용성염료는 오일류에 녹는 것이다.

④ 유기색소는 탄소원자를 가지고 있는 색소들로 염료, 합성유기안료, 레이크 등이며 무기색소는 탄소원자를 가지고 있지 않는 색소들로 무기안료가 대부분이다.

105. 미국과 소련이 실험동물을 이용해 이 색소를 실험한 결과 암 종양을 유발하는 물질임이 판명되었으며 마침내 1970년대부터 FDA에서 사용을 금지되었다. 이 타르색소는?

① 청색 1호　　　　　　　　　　② 적색 2호
③ 적색 3호　　　　　　　　　　④ 황색 4호

106. 염료에 알루미늄, 칼슘 등의 금속이온성분을 화학적으로 결합시켜 녹지 않은 상태로 만든 색소를 무엇이라 하는가?

① 레이크　　　　　　　　　　② 수용성 염료
③ 지용성 염료　　　　　　　　④ 유기색소

107. 다음 중 황갈색을 내는 색소는?

① 상엽초분말　　　　　　　　② 솔잎가루
③ 캐러멜소스　　　　　　　　④ 적채

108. 사탕절편을 만들 때 쓰이는 재료에 관한 설명으로 틀린 것은?

① 치자는 반으로 잘라 따뜻한 물에 담가 노랗게 색을 우려낸다.

② 오미자는 말린 후 가루 내어 붉은색으로 사용한다.

③ 치자 물로 노란색, 오미자 우린 물로 분홍색을 만든다.

④ 과일주스가루로 보라색을 만든다.

109. 초록색을 내는 쑥이나 파래는 소금물에 살짝 데친 다음 빨리 찬물에 식혀 건조시켜 절구에 빻아 체에 내려 쓴다. 그러나 삶아서 바로 쓸 경우에는 무르게 삶거나, 살짝 데쳐야 하는 것이 있는데 다음 중 살짝 데쳐야 하는 것은?

① 쑥   ② 수리취
③ 파래   ④ 모시잎

110. 다음 중 보라색을 내는 색소가 아닌 것은?

① 적채, 붉은 양파, 붉은 상추   ② 오디, 복분자
③ 흑미, 자미고구마   ④ 갈근가루, 도토리가루

111. 노란색을 내는 색소가 아닌 것은?

① 울금   ② 황매화
③ 치자   ④ 갈매

112. 다음 중 검은색을 내는 재료로 적합한 것은?

① 둥굴레   ② 석이버섯
③ 다시마   ④ 솔잎

113. 떡가루에 섞어 녹색을 내는 식품이 아닌 것은?

① 쑥   ② 모시잎
③ 송기   ④ 수리취

114. 다음 중 붉은색을 내는 재료로 적합하지 않은 것은?

① 오미자   ② 비트
③ 생딸기   ④ 자미고구마

115. 검정깨, 검정쌀, 검정콩 등의 주성분인 안토시아닌은 인슐린을 증가시키고 항염작용을 한다. 다음 중 안토시아닌이 가장 많이 들어 있는 식품은?

① 검정깨   ② 검정쌀
③ 검정콩   ④ 자색고구마

116. 다음 중 노란색을 내는 재료로 적합한 것은?

① 송화   ② 석이
③ 자미고구마   ④ 지초

117. 다음은 색과 색을 내는 재료이다. 잘못 연결된 것은?

    ① 흰색 – 마　　　　　　　　　　② 초록색 – 쑥, 파래가루

    ③ 보라색 – 흑미　　　　　　　　④ 붉은색 – 송화

제 2 장 떡의 주재료와 부재료 만들기

제 1 절 떡 재료의 분류

118. 떡 재료의 분류로 옳지 않은 것은?

    ① 속고물 – 볶은 참깨, 설탕　　　② 겉고물 – 앙금류, 소금

    ③ 착색료 – 치자, 백년초　　　　④ 향료 – 계피, 유자

119. 재료를 표현하는 한자어와 연결이 잘못된 것은?

    ① 점미 – 멥쌀　　　　　　　　　② 대조 – 대추

    ③ 청 – 꿀　　　　　　　　　　　④ 생율 – 밤

120. 호박의 효능은?

    ① 시력보호에 효과적이다.

    ② 이뇨작용, 산후부종에 효과적이다.

    ③ 입냄새 제거와 그을린 피부에 효과가 있다.

    ④ 불면증과 골밀도 유지에 효과가 있다.

121. 계강과의 재료는?

    ① 계란과 생강　　　　　　　　　② 계란과 조청

    ③ 계피와 생강　　　　　　　　　④ 계피와 조청

122. 영양떡에 들어가는 재료가 아닌 것은?

    ① 서리태, 강낭콩　　　　　　　　② 밤, 통팥

    ③ 호박고지　　　　　　　　　　④ 생단호박

해답　117.④　118.②　119.①　120.②　121.③　122.④

123. 약식을 만들 때 사용되는 재료가 아닌 것은?

① 캐러멜소스   ② 대추내림

③ 간장   ④ 감가루

124. 약식에 넣는 캐러멜소스를 만들 때, 설탕이 결정화 되는 것을 막기 위해 마지막에 넣는 것은 무엇인가?

① 물엿   ② 간장

③ 소다   ④ 베이킹파우더

125. 다음은 절기마다 나오는 재료를 섞어 계절의 미각을 맛보게 하는 떡이다. 잘못 연결된 것은?

① 초봄 – 단호박편   ② 삼월삼진날 – 화전

③ 오월단오 – 차륜병   ④ 9월 – 국화전

126. 다음은 계절의 미각을 잘 나타내는 떡이다. 잘못 연결된 것은?

① 봄 – 느티떡   ② 여름 – 수리취떡

③ 가을 – 차륜병   ④ 겨울 – 잡과병

127. 다음은 재료와 떡 이름이다. 잘못 연결된 것은?

① 햇쑥 – 쑥버무리   ② 코스모스 – 화전

③ 수리취 – 차륜병   ④ 국화 – 국화전

128. 불린 날땅콩에 미지근한 물을 뿌려주는 이유는?

① 덜 불은 땅콩을 불리기 위해서

② 땅콩에 물기를 빠르게 말려주기 위해서

③ 냉동보관 시 냉해를 방지하기 위해서

④ 떡이 잘 익게 하려고

129. 날땅콩을 불릴 때 가장 알맞은 시간은?

① 찬물에 12시간 불린다.   ② 찬물에 24시간 불린다.

③ 미지근한 물에 12시간 불린다.   ④ 미지근한 물에 2~3시간 불린다.

130. 떡에 사용할 통조림 밤을 조리하는 과정으로 옳은 것은?

① 씻어서 사용한다.   ② 씻어서 스팀에 5~10분 정도 찐다.

③ 조리로 건져서 사용한다.   ④ 삶아서 사용한다.

해답   123. ④   124. ①   125. ①   126. ③   127. ②   128. ②   129. ④   130. ②

131. 다음은 신과병의 재료이다. 적당하지 않는 것은?

① 밤과 콩   ② 풋대추

③ 단감   ④ 늙은 호박

제 2 절 가루 만들기

132. 쌀가루 만드는 과정 중 주의할 점으로 옳은 것은?

① 세척 단계에서는 쌀을 세게 문질러 세척한다.

② 수침시간을 길게 가져야 부드러운 쌀가루가 된다.

③ 찹쌀은 멥쌀보다 곱게 갈아 체에 여러 번 내린다.

④ 여름에는 수침시간을 짧게, 겨울에는 수침시간을 길게 한다.

133. 제주도에서 많이 쓰는 가루로 침떡, 차좁쌀떡, 오메기떡에 쓰이는 것은?

① 콩가루   ② 차조가루

③ 메밀가루   ④ 찰수수가루

134. 떡에 쓸 수수가루를 만드는 방법으로 틀린 것은?

① 찰수수를 쓴다.

② 떡을 할 수수는 빻을 때 소금을 넣어야 한다.

③ 찰수수는 불릴 때 물이 붉어지면 수시로 물을 갈아준다.

④ 찰수수는 불리지 않고 가루를 만든다.

135. 쑥송편 가루를 제병기에 7회 이상 내리면 안 되는 가장 큰 이유는?

① 피가 삭기 때문에   ② 피가 질어지기 때문에

③ 피가 거칠어지기 때문에   ④ 아무런 관계가 없다.

136. 쑥날송편 가루를 만드는 방법 중 잘못된 것은?

① 1차로 곱게 빻는다.

② 쑥을 섞어 2차로 거칠게 빻는다.

③ 3차로 거칠게 다시 빻는다.

④ 3차로 곱게 빻는다.

해답 131.④   132.④   133.②   134.④   135.①   136.③

137. 가루에 대한 특징으로 옳지 않은 것은?

① 칡녹말가루 – 암칡과 수칡 중 암칡이 더 전분이 많이 난다.

② 경아가루 – 말린 팥앙금에 참기름을 고루 비벼 만든다.

③ 승검초 가루 – 승검초가루와 쌀가루, 꿀을 섞어 다식을 만들 수 있다.

④ 송화가루 – 꽃가루 본연의 맛을 살릴 수 있도록 물은 최대한 적게 갈아 준다.

138. 기계송편 속에 들어가는 녹두고물을 만드는 방법이다. 아닌 것은?

① 통 녹두를 사용한다.

② 1차 기계에 거칠게 빻는다.

③ 2차 설탕을 넣고 기계에 거칠게 빻는다.

④ 녹두는 너무 되지 않아야 한다.

139. 녹두고물을 준비하는 과정이다. 잘못된 것은?

① 미지근한 물에 4~5시간 정도 불린다.

② 껍질을 벗겨서 깨끗하게 하여 조리질 한다.

③ 스팀에 10분 정도 찐다.

④ 스팀에 30~40분 정도 찐다.

140. 팥고물을 만들 때 팥을 1회 끓여서 물을 갈아주는 이유는?

① 깨끗하게 하기 위해서

② 잘 무르게 하기 위해서

③ 부드럽게 하기 위해서

④ 독소를 제거해 생목이 오르는 것을 방지하기 위해서

제 3 절 고물·소 만들기

141. 고물에 대한 설명으로 틀린 것은?

① 경단이나 단자에 묻히는 잡곡류를 말한다.

② 쌀가루 사이에 층을 만들어 떡이 잘 익도록 도와준다.

③ 찹쌀가루를 이용하는 떡은 켜를 얇게 하고 고물을 깔아야 잘 쪄진다.

④ 떡의 맛에는 별 영향을 미치지 않는다.

해답 137.④   138.①   139.③   140.④   141.④

142. 흑임자에 대한 설명이다. 옳지 않은 것은?

① 흑임자는 깨끗이 씻은 후 일어 통통해질 때까지 볶아서 고물로 한다.

② 흑임자는 흰깨와 달리 거피가 되지 않는다.

③ 소금을 넣어 절구에 빻아 고물로 쓴다.

④ 흑임자고물을 편이나 경단 등의 고물로 이용한다.

143. 팥고물을 만들 때 한번 삶아 낸 후 다시 물을 붓고 삶는다. 어떤 성분을 제거하기 위한 것인가?

① 사포닌   ② 레닌

③ 탄닌   ④ 청산배당체

144. 팥 성분 중 거품을 내며 용혈작용을 하는 성분을 제거하는 방법으로 옳은 것은?

① 찜통에 찐다.

② 끓인 물을 버린다.

③ 거품을 걷어낸다.

④ 식초를 넣는다.

145. 팥의 한 품종으로 껍질이 얇고 벗기기 쉬워 고물로 애용되는 것은?

① 거피팥   ② 붉은팥

③ 가을팥   ④ 덩굴팥

146. 고물 만드는 방법의 주의사항이 잘못 짝지어 진 것은?

① 녹두고물 – 여러 번 문질러 푸른 물이 완전히 빠져야 색이 곱고 깨끗하다.

② 잣고물 – 절구에 넣어 찧거나 칼등으로 으깨 만든다.

③ 붉은팥고물 – 거의 익으면 물을 따라 내고 약한 불에 뜸을 들인 후 소금을 넣는다.

④ 카스테라고물 – 입자가 굵은 듯 해야 뭉치지 않고 가루내기가 쉽다.

147. 쑥송편 소를 만들 때 깨 속에 들어가는 고물중 기계에 잘 밀려 들어가고 수분량을 조절해 주는 고물은?

① 콩가루   ② 물엿

③ 깨   ④ 설탕

148. 다음 중 쑥인절미에 쓰는 고물로 적합하지 않은 것은?

① 거피팥고물   ② 노란콩고물

③ 녹색콩고물   ④ 검정깨고물

해답   142.②   143.①   144.②   145.①   146.②   147.①   148.④

149. 다음 중 석이인절미에 쓰는 고물로 적합한 것은?

① 잣가루나 실깨고물 ② 검정깨고물

③ 파란콩고물 ④ 노란콩고물

150. 늙은 호박으로 떡을 할 때 적합한 고물이 아닌 것은?

① 붉은팥고물 ② 녹두고물

③ 거피팥고물 ④ 노란콩고물

151. 다음 중 대추인절미에 사용하는 고물로 가장 적합한 것은?

① 녹두고물 ② 노란콩고물

③ 파란콩고물 ④ 붉은팥고물

152. 다음 중 섭전의 재료로 적합한 것은?

① 진달래꽃 ② 황국잎

③ 장미 ④ 쑥갓잎

153. 다음 중 닭알떡의 소로 적당한 것은?

① 거피팥고물 ② 붉은팥고물

③ 노란콩고물 ④ 흑임자고물

154. 다음은 개성경단의 재료이다. 적합한 것은?

① 거피팥고물, 잣가루, 석이버섯

② 노란콩고물, 잣가루, 조청

③ 경아가루, 잣가루, 조청

④ 거피팥고물, 잣가루, 조청

155. 다음 중 전통 부편을 만들 때 소의 재료로 적합한 것은?

① 콩가루, 꿀, 계피가루

② 거피팥고물, 조청, 겨자

③ 은행, 물엿, 계피가루

④ 붉은팥고물, 꿀, 계피가루

156. 다음은 부편의 재료이다. 적합하지 않는 것은?

① 찹쌀가루, 소금 ② 콩가루, 꿀, 계피가루

해답 149.① 150.④ 151.② 152.② 153.① 154.③ 155.① 156.④

③ 곶감, 대추, 거피팥고물   ④ 붉은팥고물, 물엿, 참깨

157. 다음은 물호박시루떡의 설명이다. 틀린 것은?
① 호박은 썰어서 설탕에 오래 재워 두면 호박이 숙성되어 맛이 좋아진다.
② 썬 호박은 떡을 안치기 직전에 설탕을 뿌려 주는 것이 좋다.
③ 호박을 썰어 재워 둘 때 오래 두면 물이 나와 떡이 질게 된다.
④ 멥쌀가루에 물을 줄 때는 호박에서 물이 많이 나오므로 약간 덜 주는 것이 좋다.

158. 날송편의 깨소를 만들 때 들어가는 재료가 아닌 것은?
① 볶은 참깨   ② 물엿
③ 콩가루   ④ 호박

제 4 절 고명만들기

159. 고명의 종류가 아닌 것은?
① 대추채   ② 석이채
③ 메밀가루   ④ 밤채

160. 음식을 아름답게 꾸며 식욕을 촉진시켜 주며, 음식을 품위 있게 만들어주는 용도가 아닌 것은?
① 양념   ② 고명
③ 웃기   ④ 꾸미

161. 다음 중 웃기떡으로 적합하지 않은 것은?
① 부편   ② 주악
③ 색떡   ④ 인절미

162. 떡을 고일 때 주로 받침떡으로 사용하던 떡은?
① 화전   ② 주악
③ 찹쌀부꾸미   ④ 빙자병

해답   157.①   158.④   159.③   160.①   161.④   162.④

제 5 절 기타 부재료 만들기

163. 부재료 만드는 방법으로 옳은 것은?
① 단호박 – 채칼을 사용해 채를 만들거나 4등분하여 찜기에 쩌 식힌 후 사용한다.
② 치자 – 치자나무 열매를 채취하여 따뜻한 물에 담가 열매까지 사용한다.
③ 진달래꽃 – 물기가 있는 상태로 비닐에 한데 모아 냉동보관해 두었다 사용한다.
④ 유자청 – 굵은 채로 썰어 절인 후 실온에 보관하며 사용한다.

164. 다음은 떡에 첨가하는 부재료에 관한 내용이다. 옳은 것은?
① 떡에 쑥을 첨가하면 색과 향은 좋으나 노화를 촉진시킨다.
② 잣가루를 첨가하면 떡이 더 쫄깃해진다.
③ 떡에 적당한 설탕 첨가는 노화를 촉진시킨다.
④ 증편반죽 발효 시 단호박을 첨가하면 발효를 방해한다.

165. 쑥버무리를 만들 때 사용하는 쑥으로 알맞은 것은?
① 이른 봄 어린 생쑥　　　　② 여름철 햇빛을 많이 받은 생쑥
③ 삶아서 보관한 쑥　　　　④ 말린 쑥

166. 석이버섯을 손질하는 방법으로 잘못된 것은?
① 미지근한 물에 1~2시간 불린다.
② 뒷면을 깨끗이 긁어내고 사용한다.
③ 다듬어진 석이버섯을 얇게 채썰어 사용한다.
④ 마른 상태에서 채썰어 사용한다.

167. 늙은호박고지를 사용하는 방법 중 가장 옳은 방법은?
① 물에 불려서 사용한다.
② 물에 빠르게 씻은 후 스팀에 쩌서 사용한다.
③ 마른 상태로 사용한다.
④ 씻은 후 탈수기에 탈수하여 사용한다.

168. 늙은호박을 이용하여 떡을 할 때 잘못된 것은?
① 백설기와 같은 방법으로 가루를 빻는다.
② 호박은 얇게 채 썰어서 사용한다.

③ 백설기 가루보다 물을 많이 주어야 한다.

④ 시루판을 이용하여 켜켜 안친다.

169. 다음은 송기절편에 관한 설명이다. 적합하지 않은 것은?

① 송기는 소나무의 속껍질이다.

② 소나무에 물이 가장 많이 올라있는 7, 8월에 채취한다.

③ 쌀을 빻을 때 송기 우린 것을 같이 넣어 가루내어도 좋다

④ 푹 삶아 우려 말린 것을 쓴다.

170. 다음 떡 이름과 부재료의 연결이 잘못 된 것은?

① 율고 – 밤   ② 청애병 – 쑥

③ 승검초편 – 승검초가루   ④ 송기병 – 계피

제 6 절 떡 재료의 선택과 보관법

171. 떡 재료의 보관법이 바르게 연결된 것은?

① 팥 – 따뜻하고 바람이 잘 통하지 않는 곳에 보관한다.

② 멥쌀 – 서늘하고 습기가 적고, 바람이 잘 통하는 곳에 보관한다.

③ 밤 – 껍질을 벗겨 보관한다.

④ 백년초 – 다량구매 후 사용하는 것이 좋다.

172. 떡 재료의 선택방법으로 옳지 않은 것은?

① 백태 – 껍질이 얇고 깨끗하며 색이 노랗고 윤기 나는 것을 고른다.

② 흑임자 – 검은색이 진하고 선명하며 흰색이 섞이지 않은 것을 구입한다.

③ 쑥 – 줄기가 길고 굵은 것으로, 늦봄에 나는 것을 고른다.

④ 서리태 – 알을 깨물었을 때 청색이 많이 나는 것을 고른다.

제 3 편 * * *
식품영양학

제 1 장 영양과 영양소

제 1 절 탄수화물

1. 단당류가 아닌 것은?
    ① 포도당   ② 과당
    ③ 설탕   ④ 갈락토오스

2. 포도당에 대한 설명으로 옳지 않은 것은?
    ① 탄수화물의 최종 분해산물로 직접 에너지원이다.
    ② 당류 중 가장 단맛이 강하고 결정화되지 않으며 흡습성이 있다.
    ③ 전분을 가수분해하여 얻을 수 있다.
    ④ 체내의 간장에서 글리코겐 형태로 저장된다.

3. 갈락토오스의 특징으로 옳은 것은?
    ① 단독으로 존재한다.
    ② 과당과 결합해 유당의 형태로 유즙에 존재한다.
    ③ 물에 잘 녹아 가장 빨리 소화, 흡수된다.
    ④ 지방과 결합해 뇌, 신경조직의 성분이 된다.

4. 다음 중 이당류인 것은?
    ① 설탕   ② 포도당
    ③ 덱스트린   ④ 과당

5. 당도가 가장 높은 것은?
    ① 설탕   ② 포도당
    ③ 맥아당   ④ 유당

6. 가수분해 시 포도당과 과당으로 나뉘는 것은?
    ① 환원당   ② 이눌린
    ③ 맥아당   ④ 자당

해답　1.③　2.②　3.④　4.①　5.①　6.④

7. 이당류이자 환원당이 아닌 당은?

① 포도당   ② 과당

③ 설탕   ④ 맥아당

8. 당류의 용해도는 단맛의 크기와 같다. 다음 중 단맛의 강도 순서가 바른 것은?

① 과당 〉 설탕 〉 포도당 〉 맥아당

② 맥아당 〉 과당 〉 설탕 〉 포도당

③ 포도당 〉 설탕 〉 과당 〉 맥아당

④ 설탕 〉 과당 〉 포도당 〉 맥아당

9. 혈액 중 혈당으로 들어있는 것은?

① 포도당   ② 과당

③ 자당   ④ 유당

10. 다음 중 다당류는?

① 포도당   ② 전분

③ 맥아당   ④ 유당

11. 포도당은 간에서 어떤 형태로 저장되는가?

① 글리세롤   ② 글리코겐

③ 글리아딘   ④ 글루테닌

12. 인체 내의 소화효소로 가수분해 되는 중요한 다당류는?

① 셀룰로오스   ② 전분

③ 펙틴   ④ 유당

13. 탄수화물은 체내에서 무엇으로 이용되는가?

① 열량소   ② 체내 구성성분

③ 혈액구성   ④ 항체

14. 탄수화물을 과다 섭취 시 잔량분은 체내에서 어떤 형태로 축적되는가?

① 글리코겐   ② 지방

③ 탄수화물   ④ 글리세린

해답   7. ③   8. ①   9. ①   10. ②   11. ②   12. ②   13. ①   14. ②

15. 다당류가 아닌 것은?
① 셀룰로오스 ② 전분
③ 펙틴 ④ 설탕

16. 유당이 가수분해 되면 무엇이 생성되는가?
① 과당+포도당 ② 포도당+맥아당
③ 과당+갈락토오스 ④ 갈락토오스+포도당

17. 유당의 구성으로 옳은 것은?
① 포도당+갈락토오스 ② 포도당+포도당
③ 포도당+과당 ④ 과당+갈락토오스

18. 유당에 대한 설명으로 잘못된 것은?
① 이스트가 분해할 수 없는 당이다. ② 락타아제에 의해 분해된다.
③ 포도당과 과당으로 분해된다. ④ 이당류이다.

19. 다당류에 속하지 않는 것은?
① 섬유소 ② 전분
③ 글리코겐 ④ 맥아당

20. 다음 중 가수분해 산물이 잘못된 것은?
① 설탕 = 포도당+과당 ② 전분 = 포도당+과당
③ 맥아당 = 포도당+포도당 ④ 유당 = 포도당+갈락토오스

21. 다음 중 과당에 대한 설명으로 잘못된 것은?
① 과당은 감미도가 포도당보다 높다.
② 과당의 감미도는 95이다.
③ 과일이나 꿀 중에 많고 용해성이 좋다.
④ 과당은 단당류이다.

22. 다음에서 당의 가수분해 생성물 중 연결이 잘못된 것은?
① 과당 → 포도당+자당 ② 유당 → 포도당+갈락토오스
③ 맥아당 → 포도당+포도당 ④ 자당 → 포도당+과당

해답 15.④ 16.④ 17.① 18.③ 19.④ 20.② 21.② 22.①

23. 다음의 탄수화물 중에서 분자량이 가장 큰 것은?

① 포도당   ② 과당

③ 맥아당   ④ 전분

24. 최종산물이 포도당만으로 이루어진 것은?

① 전분, 유당

② 전분, 글리코겐, 맥아당

③ 자당, 글리코겐

④ 전분, 유당, 자당

25. 다음에서 맥아당이 많이 함유되어 있는 식품은?

① 우유   ② 꿀

③ 설탕   ④ 감주

26. 다음 중 단당류가 아닌 것은?

① 포도당   ② 만노오스

③ 갈락토오스   ④ 자당

27. 다음 당류 중 호화온도가 가장 높은 것은?

① 설탕   ② 포도당

③ 올리고당   ④ 맥아당

28. 다음 탄수화물 중 이당류가 아닌 것은?

① 자당   ② 유당

③ 맥아당   ④ 포도당

29. 다음의 당류 중에서 감미가 가장 강한 것은?

① 맥아당   ② 설탕

③ 과당   ④ 포도당

30. 다음 당류 중 물에 잘 녹지 않는 것은?

① 과당   ② 유당

③ 포도당   ④ 맥아당

해답   23.④   24.②   25.④   26.④   27.①   28.④   29.③   30.②

31. 다음에서 설명하고 있는 것은?

> · 3~6개의 단당류로 구성된 기능성 당
> · 2㎉/g의 저칼로리
> · 감도는 설탕의 30~70%
> · 흡습성이 매우 높아 다른 당류의 결정화 방지 효과
> · 설탕대용품으로 이용

① 물엿   ② 올리고당
③ 흑설탕   ④ 사카린

32. 당뇨병 환자가 삼가야 할 음식은?
① 당질   ② 무기질
③ 단백질   ④ 비타민

33. 전분은 체내에서 주로 어떠한 기능을 하는가?
① 열량을 공급한다.   ② 피와 살을 합성한다.
③ 대사작용을 조절한다.   ④ 뼈를 튼튼하게 한다.

34. 다음 중 맥아당이 가장 많이 함유되어 있는 식품은?
① 우유   ② 꿀
③ 설탕   ④ 식혜

35. 당질과 가장 관계가 깊은 것은?
① 인슐린   ② 리파아제
③ 프로테아제   ④ 펩신

36. 유용한 장내 세균의 발육을 왕성하게 하여 장에 좋은 영향을 미치는 이당류는?
① 설탕   ② 젖당
③ 맥아당   ④ 포도당

37. 포도당과 결합하여 젖당을 이루며 한천, 뇌신경 등에 존재하는 당류는?
① 과당(fructose)   ② 만노오스(mannose)
③ 리보오스(ribose)   ④ 갈락토오스(galactose)

해답   31.②   32.①   33.①   34.④   35.①   36.②   37.④

38. 탄수화물은 체내에서 주로 어떤 작용을 하는가?

    ① 골격을 형성한다.   ② 혈액을 구성한다.

    ③ 체작용을 조절한다.   ④ 열량을 공급한다.

39. 섬유소를 완전하게 가수분해하면 생기는 것은?

    ① 포도당   ② 설탕

    ③ 아밀로오스   ④ 맥아당

40. 유용한 장내세균의 발육을 도와 정장작용을 하는 이당류는?

    ① 자당   ② 유당

    ③ 맥아당   ④ 셀로비오스

제 2 절 단백질

41. 내장, 혈액, 피부를 만드는 것과 관계있는 것은?

    ① 지방   ② 무기질

    ③ 단백질   ④ 탄수화물

42. 단백질의 열량은?

    ① 2kcal   ② 4kcal

    ③ 6kcal   ④ 9kcal

43. 백설기를 하려다가 검은콩이 있어 콩설기를 만들었다. 이때 영양적으로 보완이 되는 것은?

    ① 단백질   ② 탄수화물

    ③ 섬유소   ④ 비타민

44. 단백질은 무엇으로 구성되어 있는가?

    ① 글리세롤   ② 아미노산

    ③ 지방산   ④ 포도당

해답 | 38.④   39.①   40.②   41.③   42.②   43.①   44.②

45. 다음 중 단백질에 대한 설명으로 틀린 것은?

① 우유의 카세인, 노른자의 비테린은 복합단백질 중 인단백질에 속한다.

② 단백질의 주된 구성성분은 탄소, 산소, 질소이고 이 중 가장 큰 비율을 차지하는 것이 질소이다.

③ 밀단백질 중의 하나인 글루테닌은 단순단백질 중 글루테린에 속한다.

④ 핵단백질은 동·식물의 세포에 모두 존재한다.

46. 필수 아미노산이 아닌 것은?

① 트립토판
③ 페닐알라닌

② 리신
④ 알라닌

47. 음식물 섭취할 때 필요로 하는 필수 아미노산은?

① 리신
③ 시스테인

② 알라닌
④ 펩신

48. 다음 중 단백질을 가장 많이 함유한 식품은?

① 버터
③ 치즈

② 우유
④ 계란

49. 단백질만이 갖고 있는 원소는?

① 탄소
③ 산소

② 수소
④ 질소

50. 계란의 노른자에 들어있는 단백질은?

① 알부민
③ 비테린

② 글로불린
④ 락토알부민

51. 탄수화물 과다, 단백질 부족 시 일어나는 현상은?

① 빈혈
③ 신경과민

② 부종
④ 식중독

52. 체내에서 단백질의 역할과 가장 거리가 먼 것은?

① 항체형성
③ 대사작용의 조절

② 체조직의 구성
④ 체성분의 중성 유지

해답 42.② 46.④ 47.① 48.④ 49.④ 50.③ 51.② 52.③

53. 다음 중 완전 단백질은?

① 제인(옥수수)　　　　　　② 글리아딘(밀)
③ 알부민(계란)　　　　　　④ 젤라틴(연골)

54. 두류에 대한 설명으로 옳지 않은 것은?

① 대두는 두류 중 단백질 함량이 20~40%로 매우 높은 편이다.
② 트립신 저해물질은 가열에도 파괴되지 않는다.
③ 두류는 양질의 단백질과 지방의 급원이다.
④ 야채적 성격을 띤 두류도 있다.

55. 다음 곡물 중에서 단백질 성분이 가장 많은 것은?

① 현미　　　　　　　　　② 밀
③ 보리　　　　　　　　　④ 수수

56. 다음 중 연결이 잘못된 것은?

① 난백 – 알부민　　　　　② 밀 – 글리아딘
③ 옥수수 – 제인　　　　　④ 혈액 – 카로틴

57. 단순 단백질이 아닌 것은?

① 알부민　　　　　　　　② 글루테닌
③ 알부미노이드　　　　　④ 카세인

58. 생물가의 기준인 것은?

① 필수 아미노산　　　　　② 섭취된 질소량
③ 보유된 질소량　　　　　④ 제한된 아미노산

59. 다른 식물성 식품에 비해 콩에 많이 들어있는 것은?

① 단백질　　　　　　　　② 지방
③ 탄수화물　　　　　　　④ 무기질

60. 음식물을 통해서만 얻어야만 하는 아미노산과 거리가 먼 것은?

① 메티오닌　　　　　　　② 리신
③ 트립토판　　　　　　　④ 글루타민

61. 단백질 효율(PER)은 다음 중 무엇을 측정하는가?

① 단백질의 질   ② 단백질의 열량

③ 단백질의 양   ④ 아미노산의 구성

62. 단백질 식품을 섭취한 결과, 음식물 중의 질소량이 13g, 대변 중의 질소량이 0.7g, 소변 중의 질소량이 4g으로 나타났을 때 이 식품의 생물가(B.V)는 약 얼마인가?

① 25%   ② 36%

③ 67%   ④ 92%

63. 단백가가 가장 높은 식품은?

① 찹쌀   ② 쇠고기

③ 계란   ④ 우유

64. 아래의 쌀과 콩에 대한 설명 중 괄호에 들어갈 단어로 알맞은 것은?

> 쌀에는 리신(lysine)이 부족하고 콩에는 메티오닌(methionine)이 부족하다. '이것'을 쌀과 콩단백질의 (　　　)이라 한다.

① 제한 아미노산   ② 필수 아미노산

③ 불필수 아미노산   ④ 아미노산 불균형

65. 다음 중 두 가지 식품을 섞어서 음식을 만들 때 단백질의 상호보조 효력이 가장 큰 것은?

① 밀가루와 현미가루   ② 쌀과 보리

③ 시리얼과 우유   ④ 밀가루와 건포도

66. 각 식품별 부족한 영양소의 연결으로 옳지 않은 것은?

① 콩류 – 트레오닌   ② 곡류 – 리신

③ 채소류 – 메티오닌   ④ 옥수수 – 트립토판

67. 영양소의 기능이 알맞게 연결된 것은?

① 단백질, 무기질 – 구성영양소

② 지방, 비타민 – 체온조절

③ 탄수화물, 무기질 – 열량조절물질

④ 지방, 무기질 – 열량조절물질

해답   61.①   62.③   63.③   64.①   65.③   66.①   67.①

제 3 절 지방

68. 지방의 구성성분은?

① 지방산, 글리세롤

② 지방산, 올레산

③ 지방산, 리놀레산

④ 지방산, 스테아르산

69. 1g당 지방의 kcal는?

① 4kcal

② 9kcal

③ 6kcal

④ 5kcal

70. 필수 지방산이 아닌 것은?

① 스테아르산

② 리놀렌산

③ 리놀레산

④ 아라키돈산

71. 단순지질에 속하지 않는 것은?

① Oil

② Fat

③ 글리세롤

④ 왁스

72. 다음 중 우리 몸 안에서 에너지를 공급하고 체온을 조절하며 지용성비타민의 흡수를 돕고 필수 지방산을 공급하는 영양소는 무엇인가?

① 단백질

② 비타민

③ 탄수화물

④ 지방

73. 지방의 기능과 관계가 먼 것은?

① 농축된 에너지의 급원이다.

② 체온의 손실을 방지한다.

③ 지용성 비타민의 흡수를 돕는다.

④ 면역 기능을 한다.

74. 다음 중 필수 지방산을 가장 많이 함유하고 있는 식품은?

① 계란

② 식물성유지

③ 마가린

④ 버터

75. 다음 중 콜레스테롤이 속하는 것은?

① 단백질

② 지방

③ 탄수화물

④ 무기질

해답　68.①　69.①　70.①　71.③　72.④　73.④　74.②　75.②

76. 지방의 기능에 대해 잘못 설명한 것은?

① 지용성 비타민의 공급원

② 지방산과 글리세롤로 분해

③ 열량 9kcal

④ 수용성 비타민의 공급원

77. 콜레스테롤과 관계가 있는 것은?

① 빈혈   ② 충치

③ 동맥경화증   ④ 부종

78. 다음 식품 중 콜레스테롤 함량이 가장 높은 것은?

① 식빵   ② 국수

③ 밥   ④ 버터

79. 지방질 대사를 위한 간의 중요한 역할 중 잘못 설명한 것은?

① 지방질 섭취의 부족에 의해 케톤체를 만든다.

② 콜레스테롤을 합성한다.

③ 담즙산의 생산원천이다.

④ 지방산을 합성하거나 분해한다.

80. 정상적인 건강 유지를 위해 반드시 필요한 지방산으로 조직 속에서 합성되지 않고 식사로만 공급 가능한 것은?

① 포화 지방산   ② 불포화 지방산

③ 필수 지방산   ④ 고급 지방산

81. 콜레스테롤의 특징 중 잘못된 것은?

① 뇌와 신경조직에 많이 들어 있다.

② 비타민의 전구체이기도 하다.

③ 여러 호르몬의 시작 물질이다.

④ 식물성 스테롤이다.

82. 콜레스테롤에 관한 설명 중 잘못된 것은?

① 담즙의 성분이다.

② 비타민 D_3의 전구체가 된다.

해답   76.④   77.③   78.④   79.①   80.③   81.④   82.③

③ 탄수화물 중 다당류에 속한다.
④ 다량 섭취 시 동맥경화의 원인물질이 된다.

83. 체내에서 지질의 주된 기능은?
① 조혈작용   ② 골격 형성
③ 대사작용 조절   ④ 에너지 발생

84. 지방의 기능이 아닌 것은?
① 비타민 A, D, E, K의 운반 및 흡수작용
② 체온의 손실방지
③ 티아민의 절약작용
④ 정상적인 삼투압 조절에 관여

85. 동물성 지방을 많이 섭취하였을 때 발생할 수 있는 질병은?
① 신장병   ② 골다공증
③ 부종   ④ 동맥경화증

86. 다음 1g 중 칼로리가 가장 높은 것은?
① 녹말가루   ② 설탕
③ 식용유   ④ 우유

87. 단순지질에 속하지 않는 것은?
① 소기름   ② 콩기름
③ 레시틴   ④ 왁스

88. 세계보건기구(WHO)는 성인의 경우 하루 섭취열량 중 트랜스지방의 섭취를 몇 % 이하로 권고하고 있는가?
① 0.5%   ② 1%
③ 2%   ④ 3%

89. 지방의 과잉 섭취가 원인이 아닌 질병은?
① 관상동맥질환   ② 유방암
③ 비만   ④ 골다공증

해답   83. ④   84. ④   85. ④   86. ③   87. ③   88. ②   89. ④

제 4 절 무기질

90. 뼈를 이루는 주성분은?
    ① Ca   ② Na   ③ K   ④ P

91. 무기질의 기능이 아닌 것은?
    ① 삼투압 조절   ② 피하지방구성
    ③ 대사생리   ④ 체중의 4~5%

92. 다음 곡물 중에서 칼슘이 가장 많이 함유된 것은?
    ① 귀리   ② 보리
    ③ 밀   ④ 메밀

93. 식품에서 산성 및 알칼리성 구분의 기준이 되는 것은?
    ① 무기질   ② 단백질
    ③ 지방   ④ 비타민

94. 칼슘의 기능이 아닌 것은?
    ① 갑상선 비대증의 원인   ② 골격형성
    ③ 근육의 수축이완   ④ 혈액응고

95. 다음 중 칼슘의 흡수를 방해하는 것은?
    ① 인산   ② 수산
    ③ 젖산   ④ 탄산

96. 우리 몸을 구성하는 무기질이 차지하는 비율은?
    ① 체중의 4% 정도   ② 체중의 20% 정도
    ③ 체중의 35% 정도   ④ 체중의 50% 정도

97. 다음은 주요영양소와 그 기능을 설명한 것이다. 잘못된 것은?
    ① 단백질은 신체의 구성 및 유지, 생리기능을 조절하며 에너지를 공급한다.
    ② 칼슘은 뼈와 이를 형성하고 성장을 안정시킨다.
    ③ 무기질 및 비타민은 체액을 알칼리성으로 유지하고 우리 몸의 각 부분의 기능을 돕는다.
    ④ 탄수화물은 에너지를 공급하고 단백질의 절약작용을 하며 신체의 구성성분이 된다.

해답 90.①   91.②   92.①   93.①   94.①   95.②   96.①   97.③

98. 각 무기질에 대한 설명 중 잘못된 것은?

① S는 당질대사에 중요하며 혈액을 알칼리성으로 만들고 혈액의 응고작용을 촉진시킨다.

② Ca은 인산염과 탄산염으로써 주로 골격과 치아에 들어 있다.

③ Na은 염소와 결합하여 소금이 되어 주로 체액 속에 들어 있고 삼투압 유지에 관여한다.

④ I는 갑상선 호르몬인 티록신의 주성분으로 갑상선 내에 I가 결핍되면 갑상선종을 일으킨다.

99. 성장기 어린이, 빈혈환자, 임산부 등 생리적 요구가 높을 때 흡수율이 높아지는 영양소는?

① 철분   ② 나트륨

③ 칼륨   ④ 아연

100. 다음 무기질 중 결핍되면 갑상선 이상을 나타내는 것은?

① 불소(F)   ② 철(Fe)

③ 구리(Cu)   ④ 요오드(I)

101. 인체에 미치는 영양적 가치는 적으나 변비를 막는 생리작용을 하는 것은?

① 전분   ② 글리코겐

③ 섬유소   ④ 펙틴

제 5 절 비타민

102. 결핍되면 야맹증을 유발하는 비타민은?

① 비타민 A   ② 비타민 B_1

③ 비타민 E   ④ 비타민 K

103. 다음 중 쌀을 주식으로 하는 사람에게 결핍되기 쉬운 비타민은?

① 비타민 B_1 ② 비타민 B_6

③ 비타민 C   ④ 비타민 A

104. 강화미란 주로 어떤 성분을 보충한 쌀인가?

① 비타민 A   ② 비타민 B_1

③ 비타민 D   ④ 비타민 C

105. 리보플라빈이라고 하며 부족 시 구각염, 설염을 일으키는 비타민은?

① 비타민 B₂   ② 비타민 B₁

③ 비타민 C   ④ 비타민 E

106. 비타민의 기능에 해당하는 것은?

① 호르몬의 주구성요소   ② 보조효소

③ 열량원   ④ 신체의 구성요소

107. 알칼리성 식품이 아닌 것은?

① 야채   ② 과일

③ 계란   ④ 우유

108. 다음에서 알칼리성 식품이 아닌 것은?

① 완두, 땅콩, 김, 버터, 치즈, 아스파라거스, 샐러드유, 달걀노른자

② 보리밥, 현미밥, 팥, 청대콩, 옥수수, 감자

③ 미역, 다시마, 시금치, 당근, 호박, 달걀흰자, 오이, 가지, 마늘, 부추, 양파

④ 녹차, 우유, 커피, 홍차, 포도주, 요구르트, 식초

109. 당질대사에 관여하는 비타민으로 곡물에 의존하여 식사하는 사람에게 가장 문제가 되는 영양소는?

① 비타민 A   ② 비타민 B₁

③ 비타민 C   ④ 비타민 D

110. 비타민 D의 기능이 아닌 것은?

① 칼슘, 인의 흡수를 도와준다.

② 혈액 내 인의 양을 일정하게 유지시킨다.

③ 부족 시 어린이는 구루병, 어른은 골연화증에 걸리기 쉽다.

④ 시홍의 생성에 관여한다.

111. 비타민의 기능이 아닌 것은?

① 대사촉진

② 체온조절

③ 영양소의 완전연소

④ 호르몬의 분비촉진 및 억제

112. 다음 비타민에 관한 설명 중 옳지 않은 것은?

① 비타민 A는 결핍 시 야맹증에 걸리고 주요 급원은 소간, 생선간유 등이다.

② 비타민 C는 결핍 시 괴혈병에 걸리고 주요 급원은 딸기, 감귤류, 토마토, 양배추 등이다.

③ 비타민 D는 결핍 시 구루병에 걸리며 칼슘과 인의 대사와 관계가 깊다.

④ 니아신 결핍 시 빈혈에 걸리며 적혈구 형성과 관계가 깊다.

113. 비타민 A 결핍 시 나타나는 현상이 아닌 것은?

① 야맹증　　　　　　　　　　　　② 구각염

③ 눈의 건조　　　　　　　　　　　④ 시력저하

114. 다음 중 수용성 비타민인 것은?

① 비타민 A　　　　　　　　　　　② 비타민 C

③ 비타민 D　　　　　　　　　　　④ 비타민 E

115. 부족하면 괴혈병을 일으키는 비타민은?

① 비타민 A　　　　　　　　　　　② 비타민 B

③ 비타민 C　　　　　　　　　　　④ 비타민 D

116. 비타민 A가 많이 함유되어 있는 식품이 아닌 것은?

① 면실유　　　　　　　　　　　　② 간유

③ 버터　　　　　　　　　　　　　④ 채소

117. 간유 속에 있는 비타민은?

① 비타민 A　　　　　　　　　　　② 비타민 B

③ 비타민 B_2　　　　　　　　　　④ 비타민 C

118. 화학적으로 스테로이드 유도체이며 태양광선을 쐬면 합성되는 영양소는?

① 비타민 A　　　　　　　　　　　② 비타민 B

③ 비타민 C　　　　　　　　　　　④ 비타민 D

119. 지용성 비타민은?

① 비타민 A　　　　　　　　　　　② 비타민 B_2

③ 비타민 C　　　　　　　　　　　④ 비타민 B_{12}

해답　112.④　113.②　114.②　115.③　116.①　117.①　118.④　119.①

120. 출혈 시 혈액 응고체는?

    ① 비타민 A   ② 비타민 D

    ③ 비타민 E   ④ 비타민 K

121. 비타민 B_1의 다른 명칭이며 기병의 원인인 것은?

    ① 카로틴   ② 티아민

    ③ 리보플라빈   ④ 니아신

122. 다음 중 비타민 D의 전구물질은?

    ① 에르고스테롤   ② 이노시톨

    ③ 콜린   ④ 에탄올

123. 다음 중 토코페롤은?

    ① 비타민 E   ② 무기질

    ③ 단백질   ④ 탄수화물

124. 유지의 산패를 억제시키는 비타민, 즉 항산화효과를 나타내고 있는 것은?

    ① 비타민 A   ② 비타민 B

    ③ 비타민 D   ④ 비타민 E

125. 다음 중 비타민 A가 가장 많이 함유된 것은?

    ① 오렌지   ② 완두콩

    ③ 치즈   ④ 붉은 양배추

126. 잘 도정된 쌀을 주식으로 하는 국민들에게 보다 많이 필요한 비타민은?

    ① 비타민 A   ② 비타민 C

    ③ 비타민 B_1 ④ 비타민 D

127. 다음 각 비타민과 관련된 결핍증 공급원에 대한 연결이 잘못된 것은?

    ① 비타민 A – 야맹증, 녹황색 채소

    ② 비타민 B_1 – 각기병, 쌀겨, 돼지고기

    ③ 비타민 C – 괴혈병, 과일, 채소

    ④ 비타민 K – 발육부진, 간유

해답 120.④   121.②   122.①   123.①   124.④   125.③   126.③   127.④

128. 비타민의 결핍증세가 바르게 연결된 것은?

① 비타민 A - 각기병

② 비타민 B₂ - 야맹증

③ 비타민 C - 악성빈혈

④ 비타민 D - 구루병

129. 혈액응고를 돕는 무기질과 비타민은?

① 칼슘 - 비타민 C

② 칼슘 - 비타민 K

③ 칼륨 - 비타민 K

④ 칼슘 - 비타민 E

130. 산과 알칼리 및 열에서 비교적 안정적이고 칼슘의 흡수를 도우며 골격의 발육과 관계 깊은 비타민은?

① 비타민 A

② 비타민 B₁

③ 비타민 D

④ 비타민 E

131. 다음 중 비타민 A의 결핍증이 아닌 것은?

① 야맹증

② 각막연화증

③ 결막건조증

④ 구각염

132. 성장촉진작용을 하며 피부나 점막을 보호하고 부족하면 구각염이나 설염을 유발시키는 비타민은?

① 비타민 A

② 비타민 B₁

③ 비타민 B₂

④ 비타민 B₁₂

133. 무기질의 영양상 기능이 아닌 것은?

① 우리 몸의 경조직 성분이다.

② 열량을 내는 열량 급원이다.

③ 효소의 기능을 촉진시킨다.

④ 세포간의 삼투압 평형유지 작용을 한다.

134. 비타민 A가 결핍되면 나타나는 주 증상은?

① 야맹증, 성장발육의 불량

② 각기병, 불임증

③ 괴혈병, 구순구각염

④ 악성빈혈, 신경마비

135. 결핍시 펠라그라(Pellagra)가 발생하는 비타민은?

① 비타민 B₁

② 비타민 B₁₂

③ 나이아신

④ 엽산

해답 128.④ 129.② 130.③ 131.④ 132.③ 133.② 134.① 135.③

136. '태양광선 비타민'라고도 불리며 자외선에 의해 체내에서 합성되는 비타민은?

① 비타민 A ② 비타민 B
③ 비타민 C ④ 비타민 D

제 6 절 물

137. 체내에서 물의 기능은?

① 노폐물의 체외배설 ② 신경계조절
③ 열량조절 ④ 영양소의 연소

138. 물의 하루 권장량으로 옳은 것은?

① 성인 1kcal 당 1㎖, 영유아 1kcal 당 2㎖
② 성인 1kcal 당 10㎖, 영유아 1kcal 당 15㎖
③ 성인 1kcal 당 2㎖, 영유아 1kcal 당 4㎖
④ 성인 1kcal 당 1㎖, 영유아 1kcal 당 1.5㎖

139. 물의 과잉과 부족에 따른 증상으로 옳은 것은?

① 과잉시 피로를 느끼며 50% 이상 상실시 사망한다.
② 과잉시 갈증을 느끼며 30% 이상 상실시 사망한다.
③ 과잉시 부종이 생기고 20% 이상 상실시 사망한다.
④ 과잉시 심장이 두근거리고 40% 이상 상실시 사망한다.

제 2 장 영양생리

제 1 절 소화효소

140. 침에 들어있는 소화효소의 작용은?

① 비타민을 분해한다. ② 단백질을 분해한다.
③ 지방을 분해한다. ④ 녹말을 분해한다.

 136.④ 137.① 138.④ 139.③ 140.④

141. 다음 탄수화물 중에서 인체에 분해효소가 없어서 소화시킬 수 없는 당류는?

① 맥아당
② 설탕
③ 유당
④ 섬유소

142. 다음의 내용과 관련이 있는 것은?

> · '이것'은 단백질로 구성되어 있으며, 열에 불안정하다.
> · 조직의 긴 사슬을 잘라주는 역할을 한다.
> · 음식물 소화, 조직의 분해 및 수축 등에 관여한다.
> · '이것'은 각각의 해당성분에만 작용하는 특이성을 가지고 있다.

① 효모
② 효소
③ 발효
④ 당화

143. 입속의 침에서 분비되는 전분 당화 효소는?

① 펩신
② 프티알린
③ 리파아제
④ 트립신

144. 지방을 소화시키는 효소는?

① 펩티다아제
② 아밀롭신
③ 에렙신
④ 스테압신

145. 자당을 포도당과 과당으로 가수분해하는 효소는?

① 인베르타아제
② 치마아제
③ 말타아제
④ 리파아제

146. 전분의 분해 효소는?

① 아밀라아제
② 말타아제
③ 치마아제
④ 리파아제

147. 단백질의 소화와 관계없는 것은?

① 펩신
② 프티알린
③ 트립신
④ 키모트립신

해답 141.④ 142.② 143.② 144.④ 145.① 146.① 147.②

148. 우유를 마셨을 때, 유당이 소화되기 시작하는 곳은?

    ① 구강 내   ② 소장

    ③ 대장   ④ 위

149. 다음 중 전분 분해효소가 아닌 것은?

    ① 알파아밀라아제   ② 베타아밀라아제

    ③ 디아스타아제   ④ 말타아제

150. 다음 중 효소와 기질명이 서로 맞지 않는 것은?

    ① 리파아제 – 지방질   ② 아밀라아제 – 섬유소

    ③ 펩신 – 단백질   ④ 말타아제 – 맥아당

151. 유당불내증의 원인은?

    ① 대사과정 중 비타민 B군의 부족

    ② 변질된 유당의 섭취

    ③ 우유 섭취량의 절대적인 부족

    ④ 소화액 중 락타아제의 결여

152. 수크라아제(sucrase)는 무엇을 가수분해시키는가?

    ① 맥아당   ② 설탕

    ③ 전분   ④ 과당

제 2 절 소화와 흡수

153. 탄수화물이 최종 분해되어 흡수되는 곳은?

    ① 대장   ② 소장

    ③ 위   ④ 췌장

154. 날콩 속에 존재하는 특수성분으로 소화를 방해하는 것은?

    ① 안티트립신   ② 펩신

    ③ 글리시닌   ④ 청산배당체

해답 | 148.②   149.④   150.②   151.④   152.②   153.②   154.①

155. 다음 당질이 체내 흡수될 때 최종적으로 흡수되는 당은?

    ① 단당류   ② 이당류

    ③ 다당류   ④ 환원당

156. 지방의 소화흡수에 관여하는 것은?

    ① 펩신   ② 트립신

    ③ 담즙산   ④ 프티알린

157. 열량 공급 영양소는?

    ① 탄수화물, 무기질, 단백질   ② 탄수화물, 단백질, 지방

    ③ 지방, 비타민, 무기질   ④ 비타민, 탄수화물, 지방

158. 소장에서 탄수화물은 어디까지 분해되는가?

    ① 단당류   ② 이당류

    ③ 맥아당   ④ 덱스트린

159. 지방 소화에 대한 설명으로 맞는 것은?

    ① 지방의 소화를 위해 담즙이 필요하다.

    ② 소화는 대부분 위에서 일어난다.

    ③ 수용성 물질의 분해를 돕는다.

    ④ 유지가 소화분해되면 단당류가 된다.

160. 소화작용의 연결이 바르게 된 것은?

    ① 침 – 아밀라아제 – 단백질

    ② 위액 – 펩신 – 맥아당

    ③ 췌액 – 말타아제 – 지방

    ④ 소장 – 말타아제 – 맥아당

161. 탄수화물 식품은 어디에서부터 소화되기 시작하는가?

    ① 입   ② 위

    ③ 소장   ④ 십이지장

162. 소화란 어떠한 과정인가?

    ① 물을 흡수하여 팽윤하는 과정이다.

② 열에 의하여 변성되는 과정이다.

③ 여러 영양소를 흡수하기 쉬운 형태로 변화시키는 과정이다.

④ 지방을 생합성하는 과정이다.

163. 지방의 연소와 합성이 이루어지는 장기는?

① 췌장 ② 간

③ 위장 ④ 소장

164. 소화기관에 대한 설명으로 틀린 것은?

① 위는 강알칼리의 위액을 분비한다.

② 이자(췌장)는 당대사호르몬의 내분비선이다.

③ 소장은 영양분을 소화·흡수한다.

④ 대장은 수분을 흡수하는 역할을 한다.

제 3 장 에너지 대사

제 1 절 에너지 대사

165. 에너지원이 되는 영양소로 묶여진 것은?

① 탄수화물, 지방, 비타민 ② 단백질, 지방, 무기질

③ 탄수화물, 지방, 단백질 ④ 탄수화물, 지방, 무기질

166. 약식에 단백질 5%, 지질 1%, 당질 53%가 들어 있다. 약식 100g의 열량은?

① 241kcal ② 261kcal

③ 266kcal ④ 501kcal

167. 콩에 단백질 41%, 지질18%, 당질22%가 들어 있다. 콩 200g의 열량은?

① 414kcal ② 434kcal

③ 828kcal ④ 529kcal

168. 다음 중 알코올의 영양과 분해속도에 대해 잘못 말한 것은?

① 알코올은 3kcal/g의 높은 열량을 내지만 다른 영양소가 없다는 뜻으로 Empty Calorie 식품이라 한다.

② 다른 식품의 섭취, 감소 및 영양소의 흡수장애와 이용률이 감소함으로 영양불량을 초래한다.

③ 만성 알코올 섭취는 비타민 결핍을 초래한다.

④ 체중 60kg인 사람이 맥주 1병을 마시는 경우 대사되는데 걸리는 시간은 약 3시간 정도이며, 소주 1병을 마신 경우 모두 산화되는데 약 13시간이 소비된다.

169. 다음 영양소 중 우리 몸에서 먼저 분해가 되기 시작하는 것은?

① 단백질   ② 지질

③ 당질   ④ 비타민

170. 다음 중 기초대사량에 대한 설명으로 틀린 것은?

① 사람의 생명을 유지하는 데 필요한 최소한도의 대사량이다.

② 무의식적인 생리작용만을 할 때 소요되는 에너지양을 말한다.

③ 정신적인 소모가 많은 일을 하거나 운동을 할 때 쓰이는 에너지이다.

④ 성인의 1일 기초 대사량은 1200~1600kcal 이다.

171. 에너지 대사율에 대한 설명으로 틀린 것은?

① RDR로 표기한다.

② 한 사람이 행한 작업 강도를 알 수 있는 기준이다.

③ 노동 대사량을 기초 대사량으로 나눈 값이다.

④ 에너지 대사는 화학적 에너지를 열·운동 에너지로 바꾸는 일을 말한다.

제 2 절 영양소 및 영양섭취기준

172. 다음에서 5대영양소가 아닌 것은?

① 단백질   ② 칼슘

③ 미네랄   ④ 비타민

해답 168.① 169.③ 170.③ 171.① 172.②

173. 기초식품군이란 우리가 섭취하는 음식물을 포함하고 있는 영양소의 종류에 따라 크게 5가지로 분류한 것이다. 주요영양소별 분류로 옳은 것은?

① 단백질, 칼슘, 무기질과 비타민, 탄수화물, 지방

② 단백질, 탄수화물, 지방, 무기질, 비타민

③ 단백질, 칼슘, 무기질, 비타민, 탄수화물

④ 단백질, 칼슘, 비타민, 탄수화물, 지방

174. 다음에서 식품군과 주요영양소의 연결이 잘못된 것은?

① 지방 – 고기, 생선, 알, 콩류　　② 칼슘 – 우유, 뼈째 먹는 생선

③ 무기질과 비타민 – 채소, 과일　④ 탄수화물 – 곡류, 감자류

175. 체내 원활한 배변활동을 도와주는 식이섬유소의 섭취를 증가시키는 방법으로 옳지 않은 것은?

① 쌀밥 등 곡류 섭취를 많이 한다.

② 채소 및 해조류 반찬을 매끼 두 가지 이상 섭취한다.

③ 과일과 채소는 생것을 이용한다.

④ 신선한 과일을 1일 1회 이상 섭취한다.

> **⊙ 참고**
> 식이섬유는 음식물을 섭취했을 때 위장에서 소화, 흡수되지 않는 채 대장으로 이동해서 다른 성분들과 함께 대변을 만든다. 이때 물을 흡수하면서 부피가 증가하여 변을 부드럽게 배변시켜 주는 작용을 한다. 섬유소는 하루에 최소 20~35g 이상 섭취해야 하며 우리 몸에 꼭 필요한 물질이다.

176. 균형 잡힌 식사로 최적의 건강 상태를 유지하고 성인병을 예방하기 위해 가장 적게 섭취해야 좋은 식품은?

① 우유, 유제품　　　　　　　　② 유지, 견과, 당류

③ 고기, 생선, 계란, 콩류　　　　④ 곡류, 전분류

177. 현미의 성분 중 백미보다 함량이 적은 것은?

① 단백질　　　　　　　　　　　② 섬유소

③ 당질　　　　　　　　　　　　④ 지방

178. 식품 조리의 주된 목적으로 부적합한 것은?

① 식욕증진　　　　　　　　　　② 소화되기 쉬운 형태로 전환

③ 영양소의 함량 증가　　　　　④ 유통기한을 늘리기 위해

179. 현미 도정율이 증가함에 따라 영양성분의 변화 중 옳지 않은 것은?
    ① 비타민의 손실이 커진다.
    ② 소화율이 증가한다.
    ③ 수분흡수 시간이 점차 빨라진다.
    ④ 탄수화물의 비율이 감소한다.

180. 한국인 영양섭취 기준의 목적으로 알맞지 않은 것은?
    ① 국민보건과 체위 향상
    ② 국민의 식생활 개선
    ③ 식량 생산과 공급의 계획
    ④ 식생활 개선 여부 파악

181. 단백질 식품에 속하는 것은?
    ① 멸치   ② 달걀
    ③ 딸기   ④ 쑥갓

182. 무기질 및 비타민 식품에 속하지 않는 것은?
    ① 시금치   ② 감
    ③ 돼지고기   ④ 당근

183. 당질 식품으로 옳은 것은?
    ① 생선   ② 들기름
    ③ 토란   ④ 사골

184. 무기질 중 치아와 골격을 구성하는 성분은?
    ① Ca   ② P
    ③ Fe   ④ 비타민B_{12}

185. 다음 중 열량계산으로 맞는 것은?
    ① (탄수화물의 양+단백질의 양)×4+지방의 양×9
    ② (탄수화물의 양+단백질의 양)×9+지방의 양×9
    ③ (지방의 양+단백질의 양)×4+탄수화물의 양×9
    ④ (탄수화물의 양+지방의 양)×4+단백질의 양×9

해답 179.④   180.④   181.②   182.③   183.③   184.①   185.①

3. 식이요법

186. 다음 중 맑은 유동식에 대한 설명으로 옳은 것은?

① 위독한 환자나 막 수술을 끝낸 환자에게 수분을 공급할 목적으로 주는 식사이다.

② 회복기 환자, 가벼운 증세의 환자에게 주는 식사이다.

③ 수술 후 환자, 음식을 삼키기 어려운 환자에게 제공한다.

④ 죽, 흰살 생선, 두부, 익힌 채소, 기름기 없는 연한 고기 등으로 조리한다.

187. 십이지장 궤양에 효과적인 식이요법이 아닌 것은?

① 규칙적으로 자주 소량의 식사를 한다.

② 자극성 있는 음식, 섬유질 식품, 술, 카페인을 피한다.

③ 탄수화물 섭취량을 줄이고 설탕의 섭취를 금한다.

④ 우유, 계란 고기 등 단백질 식품과 크림, 버터 등 유화지방을 섭취한다.

188. 시피(Sippy)식이란?

① 일반 환자에게 주는 식사이다.

② 소화성 궤양의 초기 치료법으로 우유과 크림으로 구성되어 있다.

③ 동물성 지방을 제한하는 식사이다.

④ 채소와 과일 등을 섭취해 만복감을 느끼게끔 하는 식사이다.

189. 간염의 원인은?

① 단백질 대사물이 여과되지 못하여 혈액내 질소 화합물이 증가가 원인이다.

② 운동 부족, 유전, 호르몬 분비 이상, 과식 습관 등이 원인이다.

③ 췌장에서 분비되는 인슐린 부족으로 혈당량이 증가해 발생한다.

④ 바이러스에 의한 감염으로 발생한다.

190. 신장병의 치료방법으로 옳은 것은?

① 단백질 양을 줄이고, 소금과 수분을 제한한다.

② 당분과 지방 섭취를 줄인다.

③ 철의 흡수를 돕는 아스코르브산을 충분히 섭취한다.

④ 섬유질을 많이 섭취한다.

191. 다음 곡물 중에서 가장 저칼로리인 것은?

① 현미　　　　　　　　　　② 보리
③ 옥수수　　　　　　　　　④ 정백미

해답　186.① 　187.③ 　188.② 　189.④ 　190.① 　191.③

제 4 편 ***

생산관리

제1장 생산관리의 개요

1. 다음 중 생산의 목표는?

   ① 재고, 출고, 판매의 관리   ② 재고, 납기, 출고의 관리

   ③ 납기, 재고, 품질의 관리   ④ 공정, 원가, 품질의 관리

2. 생산관리의 정의로 옳은 것은?

   ① 사람, 자금의 2요소를 적절하게 사용하는 관리법이다.

   ② 좋은 물건을 고가로 책정해 공급하는 경영방법이다.

   ③ 거래가치가 있는 물건을 납기 내 공급하게끔 하는 수단과 방법이다.

   ④ 수요보다 30% 많은 물량을 필요한 시기까지 만들어내기 위한 관리 또는 경영이다.

3. 다음 중 일반적인 상품의 표준 생산시간을 설정하는 목적이 아닌 것은?

   ① 소비자의 구매동기 자료   ② 원가 결정의 기초자료

   ③ 제품을 만드는 시간과 능력 파악   ④ 기술자 배치와 조정의 기초자료

4. 기업 활동의 5대 기능이 아닌 것은?

   ① 제조 기능   ② 판매 기능

   ③ 협조 기능   ④ 자재 기능

5. 기업활동의 구성요소 중 제1차 관리에 속하지 않는 것은?

   ① 사람(Man)   ② 자본(Money)

   ③ 재료(Material)   ④ 방법(Method)

6. 기업 활동의 구성요소가 아닌 것은?

   ① 기계   ② 무리

   ③ 자금   ④ 시간

7. 외부가치 7,100만원, 생산가치 3,000만원, 인건비 1,400만원인 회사의 노동 분배율은 대략 어느 정도인가?

   ① 약 20%   ② 약 42%

   ③ 약 47%   ④ 약 237%

해답   1.④   2.③   3.①   4.③   5.④   6.②   7.③

8. 생산관리 조직의 편성 중 설명이 옳지 않은 것은?

① 라인 조직 – 하위자가 상위자 1인에게만 지휘, 명령을 받아 업무를 수행하는 조직

② 직능 조직 – 하위자가 몇 사람의 상위자로부터 지휘를 받아 업무를 수행하는 조직

③ 라인 스태프 조직 – 지위, 명령을 다원화하고 전문가를 지휘자로 활용하는 조직

④ 별도 회사제 – 라인 스태프 조직보다 규모가 큰 조직에 알맞은 방법

9. 각 생산관리 조직의 장점으로 옳은 것은?

① 라인 조직 – 지휘, 명령의 일관화로 기업의 질서가 바로 잡힌다.

② 직능 조직 – 수직적 분업의 실현으로 경영능률이 향상된다.

③ 라인 스태프 조직 – 관리기능의 전문화, 탄력화를 꾀할 수 있다.

④ 라인 스태프 조직 – 지휘, 명령 계통의 강력화가 이루어진다.

10. 1인당 생산가치는 전체 생산가치를 무엇으로 나누어 계산하는가?

① 인원수   ② 시간

③ 임금   ④ 원재료비

11. 생산제품을 구분할 때의 설명으로 옳은 것은?

① 대중성 생산 제품 – 품질 : 낮음, 가격 : 낮음, 수량 : 많음, 원재료 비율 : 낮음

② 대중성 생산 제품 – 품질 : 보통, 가격 : 낮음, 수량 : 많음, 원재료 비율 : 보통

③ 특수성 생산 제품 – 품질 : 좋음, 가격 : 높음, 수량 : 많음, 원재료 비율 : 높음

④ 특수성 생산 제품 – 품질 : 좋음, 가격 : 높음, 수량 : 보통, 원재료 비율 : 보통

12. 생산계획에 대한 설명으로 옳지 않은 것은?

① 인원계획 – 평균적인 결근율, 기계의 능력을 감안하여 계획을 수립한다.

② 제품계획 – 신제품, 제품 구성비, 개발계획을 세우는 일이다.

③ 교육훈련계획 – 관리 및 감독자 교육과 작업능력 향상훈련을 계획하는 일이다.

④ 합리화 계획 – 기계화와 설비보전을 계획하는 일이다.

13. 조이익에 대한 설명으로 옳은 것은?

① 인건비에서 직접원가를 감한 것을 말한다.

② 1인당 이익은 조이익을 연인원으로 나누어 도출한다.

③ 매출 총이익 + 조이익은 매출 + 직접원가로 계산한다.

④ 1인당 이익은 조이익 + 매출이다.

해답 8.③ 9.② 10.① 11.② 12.④ 13.②

14. 인건비를 생산가치로 나눈 것은 무엇인가?

① 노동분배율 ② 생산가치율
③ 가치적 생산성 ④ 물량적 생산성

15. 연간 생산 계획의 기본 요소인 것은?

① 공정별 소요 인원과 실제 인원 ② 계절 지수
③ 제품의 수요 예측자료 ④ 제품수와 ABC 분석자료

16. 생산계획에 속하지 않는 것은?

① 인원계획 ② 설비계획
③ 교육훈련계획 ④ 매장정비계획

17. 연간 생산 계획의 기본 요소에 속하지 않는 것은?

① 과거의 생산실적 ② 생산능력과 과거 생산실적 비교
③ 생산자 피로도 조절 ④ 경영자의 생산방침

18. 작업 인원 시수에 대한 설명으로 옳지 않은 것은?

① 몇 명의 인원이 작업을 하는가의 단위이다.
② 다른 말로 공수(工數)라고도 한다.
③ 인원 ×시간 = 인원 / 시간의 공식이 성립된다.
④ 예로 공수가 800H/人 이라 하면 800명이 1시간, 100명이 8시간 작업함을 뜻한다.

19. 생산시스템의 정의에 관해 옳지 않은 것은?

① 투입에서 생산활동과 산출까지 전 과정을 관리하는 것을 말한다.
② 생산시스템에서의 투입이란 생산활동을 통해서 나온 제품을 가리킨다.
③ 문제해결을 종합적으로 평가할 수 있어 의미가 있다.
④ 생산시스템을 생산량과 비용의 측면에서 분석한다.

20. 제품의 판매가격은 어떻게 결정하는가?

① 총원가 + 이익 ② 제조원가 + 이익
③ 직접재료비 + 직접경비 ④ 직접경비 + 이익

21. 10명의 인원이 50초당 70개의 떡을 만들 때 7시간에는 몇 개를 생산하는가?

① 3528개 ② 35280개
③ 24500개 ④ 245000개

해답 14.① 15.③ 16.④ 17.③ 18.③ 19.② 20.① 21.②

22. 제품의 판매가격이 1000원일 때 생산원가는 약 얼마인가? (단, 손실율 10%, 이익률 20%, 부가가치세 10%가 포함된 가격이다)

① 580원   ② 689원

③ 758원   ④ 909원

23. 생산액이 2,000,000원, 외부가치가 1,000,000원, 생산가치가 500,000원, 인건비가 800,000원일 때 생산가치율은?

① 20%   ② 25%

③ 35%   ④ 40%

24. 손익분기점을 이용한 도표이다. 다음의 설명으로 옳지 않은 것은?

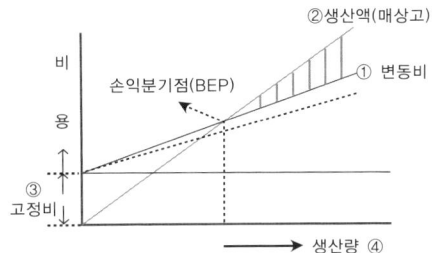

① 의 변동비 비용을 절감하기보다

② 의 생산액의 증가가 더 중요하다.

③ 의 고정비를 유지하고

④ 의 생산량 증대 방안을 도모함이 중요하다.

25. 손익분기점에 대한 설명으로 옳지 않은 것은?

① BEP라고 한다.

② 어떤 한 기간의 매출액이 생산액과 일치하는 지점이다.

③ 고정비와 변동비로 나누어 매출액과의 관계를 검토한다.

④ 이를 기점으로 그 이하로 떨어지면 손해, 그 이상으로 오르면 이익으로 본다.

제 2 장 생산관리의 체계

26. 생산준비에 대한 설명으로 옳지 않은 것은?

① 목표를 이루기 위한 품질, 원가, 생산규모, 생산 설비 등을 결정하는 일이다.

② 새로 개발하고 기획한 제품계획서와 판매계획서를 바탕으로 한다.

③ 기획생산은 설비계획에 맞춰 제품을 만들어 보는 과정이다.

④ 이 과정을 통해 생산공정 전체의 능력을 점검하고 작업자를 교육한다.

해답   22.②   23.②   24.③   25.②   26.③

27. 생산량 관리의 3단계가 아닌 것은?

① 생산계획   ② 생산실시

③ 생산점검   ④ 생산통제

28. 조직의 원칙에 해당하지 않는 것은?

① 권한과 책임의 원칙   ② 명령의 원칙

③ 직무할당의 원칙   ④ 감독범위의 원칙

29. 생산의 원가관리라고 하는 것은 원가의 표준을 설정하고 원가발생의 책임과 제품의 생산 비용을 줄이기 위함이다. 원가의 요소는?

① 재료비, 가공비, 경비

② 재료비, 용역비, 감가상각비

③ 판매비, 노동비, 월급

④ 광열비, 월급, 생산비

30. 원가의 절감방법이 아닌 것은?

① 구매 관리를 엄격히 한다.

② 제조 공정 설계를 최적으로 한다.

③ 창고의 재고를 최대로 한다.

④ 불량률을 최소화한다.

31. 생산 시 고려해야 할 원가요소에서 가장 거리가 먼 것은?

① 재료비   ② 노무비

③ 경비   ④ 학술비

32. 효과적인 원가관리를 위한 3단계 협조체계가 아닌 것은?

① 생산부서의 절약   ② 구매부의 원가절감

③ 소비자의 구매유도   ④ 판매원의 원가절감

33. 총원가는 어떻게 구성되는가?

① 제조원가 + 판매비 + 일반관리비

② 직접재료비 + 직접노무비 + 판매비

③ 제조원가 + 이익

④ 직접원가 + 일반관리비

34. 다음 중 총원가에 포함되지 않는 것은?

① 제조설비의 감가상각비
② 매출원가
③ 직원의 급료
④ 판매이익

35. 제품의 생산원가를 계산하는 목적에 해당하지 않는 것은?

① 이익 계산
② 판매가격 결정
③ 원, 부재료 관리
④ 설비 보수

36. 어떤 제품의 가격이 600원일 때 '이것'의 제조원가는 얼마인가? (단, 손실율은 10%이고, 이익률은 15%, 부가가치세 10%를 포함한 가격이다)

① 431원　　　　　　　　　　　　　② 444원
③ 474원　　　　　　　　　　　　　④ 545원

37. 작업관리를 통한 불량률의 개선 방법 중 옳지 않은 것은?

① 적정 기술보유자를 필요공정에 배치해 작업능력을 향상시킨다.
② 작업을 표준화하고, 기계와 작업기기가 정상 작동하도록 보수한다.
③ 계량기, 측정기를 정기적으로 점검하여 정밀도를 유지한다.
④ 작업 표준이나 작업지시에 맞는지 관리자가 점검하고,
　　검사 기준을 설정해 정기적으로 점검한다.

38. 실제작업의 분류 중 옳지 않은 것은?

① 정식작업 – 정상, 임시작업
② 점검작업 – 자동기, 화학 반응, 계기
③ 운반작업 – 기구 준비, 기계 조절
④ 준비작업 – 기계 설비, 원재료

39. 정규시간이 50분이고, 여유시간이 10분일 때 여유율은?

① 10%　　　　　　　　　　　　　② 12%
③ 15%　　　　　　　　　　　　　④ 20%

40. 노무비를 절감하는 방법이 아닌 것은?

① 제조방법의 표준화　　　　② 제조방법의 단순화
③ 설비 휴무　　　　　　　　④ 공정시간 단축

41. 여유율에 포함되지 않는 것은?

① 과정 여유　　　　　　　　② 직장 여유
③ 작업 여유　　　　　　　　④ 피로 여유

42. 작업 시간 중 여유율은 몇 %를 넘지 않도록 유지해야 하는가?

① 30%　　　　　　　　　　② 25%
③ 35%　　　　　　　　　　④ 20%

43. 공정표에 들어갈 내용 중 옳지 않은 것은?

① 부재료　　　　　　　　　② 만드는 법
③ 수침시간　　　　　　　　④ 판매전략

44. 작업을 정상적으로 진행시키는 4대 원리 중 옳지 않은 것은?

① 작업방법과 기계설비를 분석하여 최선의 방법을 선택한다.
② 선정한 작업에 가장 알맞은 사람을 채용한다.
③ 경영자와 작업자 사이에 선택적 급여제도를 시행한다.
④ 작업원을 최선의 방법으로 교육, 훈련시키는 방법을 선택한다.

45. 손실을 줄이기 위한 점검항목으로 옳지 않은 것은?

① 제품 1개당 평균 단가 점검
② 작업장 위생 점검
③ 노동 분배율 점검
④ 생산가치 점검

46. 손실을 줄이기 위한 점검 항목으로 옳지 않은 것은?

① 관리자와 잔업인원의 점검
② 불량 수량과 불량률 점검
③ 제품 1개당 평균 단가 점검
④ 기계 운전 시간 및 설비 가동률 점검

해답　40.③　41.①　42.③　43.④　44.③　45.②　46.①

47. 손실관리를 줄이기 위한 점검항목에 대한 세부설명으로 옳지 않은 것은?

① 생산액, 수량 점검 – 수행할 능력, 생산량을 매일 점검한 뒤 계획을 달성하지 못하는 원인을 규명하고 시정한다.

② 원재료, 포장재 사용액 및 원재료의 비율 점검 – 원재료 구매를 검토하고 원재료비 비율의 변동에 대한 조치를 취한다.

③ 제품 1개당 평균 단가 점검 – 제품 비용을 정확하게 파악하여 차기 상품계획과 가격계획의 기초로 활용한다.

④ 생산가치 점검 – 생산가치 지수와 비교하여 생산가치가 감소하는 원인을 분석하는 데 활용한다.

48. 자재관리 계획에 속하지 않는 것은?

① 조달계획   ② 판매계획

③ 재고계획   ④ 창고계획

49. 운반관리에 대한 설명으로 옳지 않은 것은?

① 운반은 제품, 부품 등을 정해진 수량보다 여유를 감안하여 10% 이상 안전하게 운반한다.

② 운반비용예산은 최대한으로 책정한다.

③ 생산 및 운반의 리드타임을 유지한다.

④ 물류를 정해진 시기에 품질을 유지하며 안전하게 운반한다.

50. 외주관리에 대한 설명으로 옳지 않은 것은?

① 타 회사 또는 외부 발주물품을 관리하는 일이다.

② 외주 회사 선택 시 신중을 기한다.

③ 자사 제품보다 저렴한 수준으로 제작한다.

④ 품질 관련 생산지도가 필요하다.

51. 보전작업의 내용으로 옳은 것은?

① 설비점검 – 설비에 나타난 이상을 미리 찾는다.

② 설비점검 – 설비의 이상이 감지된 즉시 찾는다.

③ 정기 수리작업 – 사고를 예방하기 위해 비정기적으로 수리한다.

④ 개량보전 – 설비의 성능을 유지하기 위해 설계는 변경하지 않고 보전한다.

52. 작업환경의 분류로 옳은 것은?

① 물적 환경 – 소리 환경, 빛 환경

② 물적 환경 – 상사 관계, 동료 관계

해답 47.③ 48.② 49.④ 50.③ 51.① 52.①

③ 인적 환경 – 상사 관계, 작업 자세

④ 작업적 환경 – 작업 시간, 동료 관계

53. 작업자가 피로를 느끼는 조건이 올바르게 짝지어진 것은?

① 색채, 방사선, 급여, 능동성

② 폐기물, 온도, 관리자, 휴식

③ 소음, 먼지, 작업 특성, 작업 방법

④ 작업 자세, 작업자의 능력, 관리자의 능력, 수온

54. 안전에 관련한 설명 중 옳지 않은 것은?

① 안전성을 확보하지 않으면 생산성 향상이 있을 수 없다.

② 각 공정상의 위험 요소는 발생할 때마다 제거한다.

③ 작업 전 안전교육을 선행한다.

④ 개인위생은 기본으로 갖춘다.

55. 공장설비구성의 설명으로 적합하지 않은 것은?

① 공장시설설비는 인간을 대상으로 하는 공학이다.

② 공장시설은 식품조리과정의 다양한 작업을 여러 조건에 따라 합리적으로 수행하기 위한 시설이다.

③ 설계디자인은 공간의 할당, 물리적 시설, 구조의 생김새, 설비가 갖춰진 작업장을 나타내 준다.

④ 각 시설은 그 시설이 제공하는 서비스의 형태에 따른 기본적 기능을 지니고 있지는 않다.

56. 공장 설계 시 환경에 대한 조건으로 알맞지 않은 것은?

① 바다가 가까운 곳에 위치하여야 한다.

② 주위가 깨끗한 곳이어야 한다.

③ 양질의 물을 충분히 얻을 수 있어야 한다.

④ 폐수 및 폐기물 처리에 편리한 곳이어야 한다.

57. 다음 중 조도한계가 70~150lx의 범위에서 작업해야 하는 공정은?

① 포장   ② 계량

③ 조리   ④ 마무리

58. 주방설계에 있어 주의할 점이 아닌 것은?

① 가스를 사용하는 장소에는 환기시설을 갖춘다.

② 주방 내 여유 공간을 확보한다.

③ 종업원의 출입구와 손님용 출입구는 별도로 갖춘다.

④ 주방의 환기는 소형 환기구를 여러 개 설치하는 것보다 대형 환기장치 1개를 설치하는 것이 좋다.

59. 기계의 고장, 정전, 사고 등 우발적 요소는 작업 시간의 몇 % 이하로 관리해야 하는가?

① 3%
② 5%
③ 7%
④ 10%

60. 생산된 소득 중에서 인건비와 관련된 부분은?

① 노동분배율
② 생산가치율
③ 가치적 생산성
④ 물량적 생산성

제 5 편

식품위생학

제1장 식품과 미생물

1. 식품의 위생상 위해 요인이 아닌 것은?

① 화학적 요인   ② 물리적 요인

③ 미생물적 요인   ④ 생물학적 요인

2. 식품은 저장 시 수분의 함량에 따라 미생물에 의해 변패하기 쉽다. 실온에서도 미생물이 잘 자라지 않는 수분의 함량은 몇 %인가?

① 14% 이하   ② 18% 이하

③ 25% 이하   ④ 40% 이하

3. 식품의 부패에 관련된 미생물에 대해 바른 것은?

① 식품을 냉동시키면 미생물이 사멸하여 부패를 완전히 막을 수 있다.

② 냉동시킨 식품은 해동을 시켜도 미생물이 번식하지 않는다.

③ 어패류에는 고온균이 대부분을 차지한다.

④ 식품 중에는 수분과 영양분이 존재하기 때문에 온도에 따라 좌우된다.

4. 고온성 세균이 자랄 수 있는 온도는?

① 35~40℃   ② 55~70℃

③ 70~80℃   ④ 80~90℃

5. 비병원성 세균인 것은?

① 살모넬라균   ② 보툴리누스

③ 대장균   ④ 유산균

6. 식품의 위생검사와 가장 관계가 깊은 세균은?

① 식초산균   ② 젖산균

③ 대장균   ④ 살모넬라균

7. 부패 미생물이 번식할 수 있는 최저의 수분활성도(Aw)의 순서가 맞는 것은?

① 세균 〉곰팡이 〉효모   ② 세균 〉효모 〉곰팡이

③ 효모 〉곰팡이 〉세균   ④ 효모 〉세균 〉곰팡이

해답   1.④   2.①   3.④   4.②   5.④   6.③   7.②

8. 식품의 수분을 생각할 때 통상의 수분함량 이외에 식품의 보존성, 미생물 생육과 밀접한 관계를 갖고 있는 것은?

① 수소이온농도　　　　　　　② 수분활성
③ 비열　　　　　　　　　　　　④ 비중

9. 미생물이 관여하는 현상이 아닌 것은?

① 발효　　　　　　　　　　　　② 변패
③ 산패　　　　　　　　　　　　④ 부패

10. 식품의 부패와 관계가 없는 것은?

① 습도　　　　　　　　　　　　② 온도
③ 기압　　　　　　　　　　　　④ 공기

11. 곰팡이의 대사생성물이 사람이나 동물에 어떤 질병이나 이상한 생리작용을 유발하는 것은?

① 만성 감염병　　　　　　　　② 급성 감염병
③ 화학적 식중독　　　　　　　④ 진균독 중독

12. 다음 중 부패와 변질에 대해 바르게 설명한 것은?

① 멸균포장된 우유라도 일단 개봉 후에는 변질되기 쉽다.
② 가당연유가 무가당연유보다 변질되기 쉽다.
③ 햄, 소시지는 개봉하여 얇게 썰어두는 것이 변질이 느리다.
④ 육류는 잘게 다진 것보다 덩어리 상태의 것이 변질속도가 더 빠르다.

13. 육류가 부패할 때 pH는?

① 중성　　　　　　　　　　　　② 알칼리성
③ 산성　　　　　　　　　　　　④ 관계없다.

14. 미생물 발육조건으로 옳은 것은?

① 수분, 온도, 영양물질　　　　② 공기, 수분, 기압
③ 수분, 온도, 삼투압　　　　　④ 온도, 영양물질, pH

15. 건조 보관법 중 설명이 틀린 것은?

① 일광건조법 – 주로 농산물, 해산물 건조에 많이 이용한다. 품질 저하가 단점이다.

해답　8.② 　9.③ 　10.③ 　11.④ 　12.① 　13.② 　14.① 　15.②

② 열풍건조법 – 90도 이상의 고온으로 건조, 보존하는 방법이다. 산화, 퇴색이 단점이다.
③ 배건법 – 불에 직접 가열하여 건조하는 방법으로 보리차가 이에 속한다.
④ 분무건조법 – 액체 상태의 식품을 건조실 안에서 안개처럼 분무하며 건조시키는 방법이다.

16. 식품의 저장법 중 당장법, 염장법은 식품의 어느 성분을 조절하는 것인가?
① 섬유소   ② 수분
③ 단백질   ④ 당질

17. 반투막을 경계로 하여 각각의 농도가 다른 용액이 나타내는 압력을 무엇이라 하는가?
① 삼투압   ② 수압
③ 모세관 현상   ④ 유압

18. 농도가 다른 두 용액이 반투막을 통과하여 같은 농도가 되려는 현상은?
① 용해작용   ② 삼투작용
③ 혼합작용   ④ 호화작용

19. 냉동시켜 진공 상태로 만들어 건조시키는 방법으로 한천이나 당면 등이 이에 속한다. 다음 설명에 알맞는 저장법은?
① 냉동법   ② 냉각법
③ 동결건조법   ④ 냉장법

20. 송편을 찔 때 솔잎을 깔고 찌면 쉽게 상하는 것을 방지해 준다. 그 이유는 솔잎의 어떤 성분 때문인가?
① 토코페롤   ② 피톤치드
③ 포르말린   ④ 베타카로틴

21. 다음 중 냉동건조의 장단점을 잘못 말한 것은?
① 복원성은 높지만, 습기나 냄새를 흡수하기 쉽다.
② 열에 의한 성분 변화는 작지만, 다량의 에너지를 사용한다.
③ 보존성은 뛰어나지만, 잘 부서지지 않는다.
④ 냉동건조를 동결건조라고도 한다.

22. 다음은 냉동건조에 대한 설명이다. 잘못된 것은?
① 급속 동결에 의해 건조한 식품은 가루로 부서져 모난 알갱이 상태가 되고 알갱이 속에는 작은 얼음 알갱이들이 무수히 존재하게 된다.

해답 16.②   17.①   18.②   19.③   20.②   21.③   22.④

② 건조는 진공상태의 건조고 안에서 이루어진다.

③ 진공상태에서 온도를 높이면 승화가 되는데, 승화에 의해 발생한 수증기는 건조고 밖으로 배출된다.

④ 야채나 과일 등 세포벽이 있는 식물과 염분이나 당분이 많은 식품은 냉동건조가 잘된다.

23. 식품에 미생물이 작용하여 부패시키는 과정에서 일반적으로 가장 먼저 번식하여 부패한 냄새를 내는 미생물은?

① 통성 혐기성 세균   ② 호기성 세균

③ 혐기성 세균   ④ 무포자 호기성 세균

24. 곰팡이가 서식하기 어려운 것은?

① 물   ② 곡류식품

③ 두류식품   ④ 토양

25. 대부분의 곰팡이가 생육할 수 있는 식품의 최적 수분 활성도는?

① 0.80~0.89Aw   ② 0.06~0.69Aw

③ 0.40~0.49Aw   ④ 0.20~0.29Aw

26. 세균의 형태 중 관계가 먼 것은?

① 사상균   ② 나선균

③ 간균   ④ 구균

27. 대장균의 특성과 관계가 없는 것은?

① 젖당을 발효한다.   ② 그램양성이다.

③ 호기성 또는 통성 혐기성이다.   ④ 무아포 간균이다.

28. 미생물이 성장하는데 필수적으로 필요한 요인이 아닌 것은?

① 적당한 온도   ② 적당한 햇빛

③ 적당한 수분   ④ 적당한 영양소

29. 식품과 미생물총(microflora)과의 관계가 잘못 설명된 것은?

① 통기성 식품에는 호기성균이 많이 번식한다.

② 수분함량이 높은 식품에는 세균류가 우선적으로 번식한다.

③ 식품가공 중 2차 오염균이 번식할 수 있다.

④ 건조식품, 과일류에는 효모가 가장 잘 번식한다.

해답   23.②   24.①   25.①   26.①   27.②   28.②   29.④

30. 식품오염 미생물의 유래와 경로에 대한 설명이다. 토양미생물의 특징과 관계가 가장 적은 것은?

① 가공원료의 농후오염매개 주역이다.　② 유기물의 분해에 관계한다.

③ 토양의 자정작용 주역이다.　④ 식품의 2차 오염 주역이다.

31. 발효가 부패와 다른 점은?

① 성분의 변화가 일어난다.　② 미생물이 작용한다.

③ 생산물을 식용으로 할 수 있다.　④ 가스가 발생한다.

32. 다음 세균 중 부패세균이 아닌 것은?

① 어위니아균(Erwina)

② 슈도모나스균(Pseudomonas)

③ 바실루스 서브틸리스(Bacillus subtilis)

④ 티포이드균(Sallmonella typhi)

33. 세균의 오염 경로가 될 수 없는 환경은?

① 상수도가 공급되지 않는 지역에서의 세척수나 음료수

② 습도가 낮은 지역에서 냉동보관 중인 식품

③ 어항이나 포구 주변에서 잡은 물고기

④ 분뇨처리가 미비한 농촌지역의 채소나 열매

34. 식품의 부패방지와 모두 관계가 있는 항목은?

① 방사선, 조미료 첨가, 농축　② 가열, 냉장, 중량

③ 탈수, 식염 첨가, 외관　④ 냉동, 보존료 첨가, 자외선 조사

35. 미생물에 의해 주로 단백질이 변화되어 악취, 유해물질을 생성하는 현상은?

① 발효(Fermentation)　② 부패(Puterifaction)

③ 변패(Deterioration)　④ 산패(Rancidity)

36. 식품의 부패방지와 관계가 있는 처리로만 나열된 것은?

① 방사선 조사, 조미료 첨가, 농축

② 실온 보관, 설탕 첨가, 훈연

③ 수분 첨가, 식염 첨가, 외관 검사

④ 냉동법, 보존료 첨가, 자외선 살균

해답　30.④　31.③　32.④　33.②　34.④　35.②　36.④

37. 식품 중의 대장균군을 위생학적으로 중요하게 다루는 주된 이유는?

① 식중독균이기 때문에　　　　　② 분변세균의 오염지표이기 때문에
③ 부패균이기 때문에　　　　　　④ 대장염을 일으키기 때문에

38. 세균, 곰팡이, 효모, 바이러스의 일반적 성질에 대한 설명 중 옳은 것은?

① 세균은 주로 출아법으로 그 수를 늘리며 술 제조에 많이 사용한다.
② 효모는 주로 분열법으로 그 수를 늘리며 식품 부패에 가장 많이 관여하는 미생물이다.
③ 곰팡이는 주로 포자에 의하여 그 수를 늘리며 빵, 밥 등의 부패에 많이 관여하는 미생물이다.
④ 바이러스는 주로 출아법으로 그 수를 늘리며 효모와 유사하게 식품의 부패에 관여하는 미생물이다.

39. 식품의 변질에 영향을 주는 요인과 가장 거리가 먼 것은?

① 미생물　　　　　　　　　　　② 습도
③ 온도　　　　　　　　　　　　④ 기압

40. 방치로 인해 식품이 외관적, 내용적, 관능적으로 그 본래의 성질을 잃어 식용할 수 없는 상태를 무엇이라 하는가?

① 발효　　　　　　　　　　　　② 부패
③ 변질　　　　　　　　　　　　④ 물리적 변화

41. 일반 세균이 잘 자라는 pH 범위는?

① 2.0 이하　　　　　　　　　　② 2.5~3.5
③ 4.5~5.5　　　　　　　　　　④ 6.5~7.5

42. 다음 중 미생물의 증식에 대한 설명으로 틀린 것은?

① 한 종류의 미생물이 많이 번식하면 다른 미생물의 번식이 억제될 수 있다.
② 수분 함량이 낮은 저장 곡류에서도 미생물은 증식할 수 있다.
③ 냉장온도에서는 유해미생물이 전혀 증식할 수 없다.
④ 70℃에서도 생육이 가능한 미생물이 있다.

43. 대장균 O-157이 내는 독성물질은?

① 베로톡신　　　　　　　　　　② 테트로도톡신
③ 삭시톡신　　　　　　　　　　④ 베네루핀

해답　37. ②　38. ③　39. ④　40. ③　41. ④　42. ③　43. ①

제 2 장 식중독

44. 세균성 식중독의 설명으로 옳지 않은 것은?
① 오염된 음식물을 다량 섭취할 경우 발생한다.
② 1차 감염 대상이다.
③ 잠복기가 짧다.
④ 면역이 생긴다.

45. 독소형 식중독에 속하는 것은 다음 중 어느 것인가?
① 포도상구균　　　　　　　② 장염 비브리오균
③ 병원성 대장균　　　　　　④ 살모넬라균

46. 식중독사고가 가장 많이 일어나는 계절은?
① 봄　　　　　　　　　　　② 여름
③ 가을　　　　　　　　　　④ 겨울

47. 다음 중에서 세균성 식중독에 대해 가장 알맞게 설명한 것은?
① 살모넬라는 독소형이다.
② 포도상구균에 의한 식중독은 잠복기가 가장 빠르다.
③ 보툴리누스는 감염형이다.
④ 장염 비브리오는 우리나라의 식중독의 절반 이상이다.

48. 식중독의 특징으로 잘못된 것은?
① 폭발적으로 발생한다.
② 환자의 발생이 계절적으로 다르다.
③ 지역적인 특성이 없다.
④ 사망하는 경우도 있다.

49. 일반적으로 여름에 세균성 식중독이 많아 발생하는 가장 중요한 이유는?
① 세균의 생육 Aw
② 세균의 생육 pH
③ 세균의 생육 영양원
④ 세균의 생육 온도

50. 다음 중 식중독 종류가 아닌 것은?

① 자연독 식중독
② 화학적 식중독
③ 세균성 식중독
④ 부패성 식중독

51. 바닷물에 존재하는 세균은?

① 바실루스
② 프로테우스
③ 비브리오
④ 미크로코크스

52. 다음 중 감염형 세균성 식중독에 속하는 것은?

① 파라티푸스
② 보툴리누스
③ 포도상구균
④ 장염 비브리오균

53. 신경 친화성인 식중독은?

① 포도상구균에 의한 식중독
② 보툴리누스
③ 삭시톡신
④ 솔라닌

54. 병원 미생물에 속하는 것은?

① 장염 비브리오균
② 제빵용 효모
③ 누룩곰팡이
④ 발효유용 젖산균

55. 땅콩을 습기 있는 곳에 보관하여 검은 곰팡이가 생겼다. 이때 생성되는 독성물질은?

① 테트로드톡신
② 아플라톡신
③ 베네루핀
④ 삭시톡신

56. 식품 중에 자연적으로 생성되는 천연 유독성분에 대한 설명이 잘못된 것은?

① 아몬드, 살구씨, 복숭아씨 등에는 아미그달린이라는 천연의 유독성분이 존재한다.
② 천연 유독성분 중에는 사람에게 발암성, 돌연변이, 기형유발, 알레르기성, 영양장애 및 급성중독을 일으키는 것들이 있다.
③ 유독성분의 생성량은 동·식물체가 생육하는 계절과 환경 등에 따라 영향을 받는다.
④ 천연의 유독성분들은 모두 열에 불안정하여 100℃로 가열하면 독성이 분해되므로 인체에 무해하다.

57. 손에 염증이 있는 사람이 만든 음식물을 섭취 시 나타나는 식중독은?

① 포도상구균
② 솔라닌
③ 아플라톡신
④ 살모넬라균

58. 포도상구균과 가장 관계가 깊은 것은?

① 식품 중의 녹색 곰팡이

② 조개에 의한 식중독

③ 식품취급자의 화농성 질환

④ 해산물의 식중독

59. 목화씨 속에 함유된 독성분은?

① 고시폴 ② 리시닌

③ 아미노산 ④ 아코니틴

60. 테트로도톡신은 다음 어느 식중독의 원인물질인가?

① 조개 식중독 ② 복어 식중독

③ 버섯 식중독 ④ 감자 식중독

61. 포도상구균의 독소는?

① 솔라닌 ② 테트로도톡신

③ 엔테로톡신 ④ 뉴로톡신

62. 가열에 의해 사멸되지 않는 식중독은?

① 병원 대장균 ② 살모넬라

③ 장염 비브리오 ④ 포도상구균

63. 맥각을 먹고 걸릴 수 있는 식중독은?

① 엔테로톡신 ② 테트로도톡신

③ 솔라닌 ④ 에르고톡신

64. 다음 중 2차 감염이 일어날 수 있는 식중독이 아닌 것은?

① 살모넬라 ② 아리조나균

③ 포도상구균 ④ 장염 비브리오균

65. 유해성 감미료가 아닌 것은?

① Cyclamate ② Dulcin

③ D-sorbitol ④ Peryllartine

66. 다음 중 살모넬라균에 의한 식중독 증상과 가장 거리가 먼 것은?

① 심한 설사   ② 급격한 발열

③ 심한 복통   ④ 신경마비

67. 감자의 독소는 어느 부분에 많이 들어있는가?

① 껍질 부분   ② 노란 부분

③ 싹튼 부분   ④ 속껍질 부분

68. 살모넬라의 증상이 아닌 것은?

① 시력감퇴   ② 구토

③ 설사   ④ 복통

69. 먹은 지 4시간 만에 구토, 설사를 했다면 이때 감염된 균은?

① 포도상구균   ② 장염 비브리오균

③ 살모넬라   ④ 장티푸스

70. 보툴리누스 식중독은 어디에 존재하는가?

① 육류   ② 어류

③ 통조림과 병제품   ④ 우유

71. 보툴리누스에 대한 설명으로 틀린 것은?

① 통조림에서 발생한다.   ② 산소를 좋아한다.

③ 치사율이 가장 높다.   ④ 독소형 식중독이다.

72. 독버섯을 먹었을 때 호흡곤란, 위장장애가 일어날 때의 원인독소는?

① 고시폴   ② 베네루핀

③ 솔라닌   ④ 무스카린

73. 포도상구균에 의한 식중독 예방책으로 가장 적절하지 않은 것은?

① 조리장을 깨끗이 한다.

② 섭취 전에 60℃ 정도로 가열한다.

③ 멸균된 기구를 사용한다.

④ 화농성 질환자의 조리업무를 금지한다.

해답   66.④   67.③   68.①   69.①   70.③   71.②   72.④   73.②

74. 살모넬라균의 주요 감염원은?

① 육류 및 육류가공품   ② 고래고기

③ 민물고기   ④ 바다고기의 회

75. 살모넬라 식중독의 예방대책으로 바르지 못한 것은?

① 쥐, 파리, 바퀴의 구제

② 쥐를 제거하기 위하여 고양이를 사육

③ 60℃ 이상에서 30분 이상 가열 조리 후 섭취

④ 감염된 식품재료의 사용금지

76. 다음의 증세를 보이는 독소형 식중독은?

> · 쌀밥, 면류, 복합 식품 섭취 시 구토형으로 나타남
> · 육류, 야채스프, 바닐라 소스, 푸딩 등 섭취 시 설사형으로 나타남
> · 평균 12시간 잠복기 후 복통과 설사를 일으킴
> · 포자는 내열성으로 135℃에서 4시간 가열해도 죽지 않음

① 포도상구균 식중독   ② 웰치균 식중독

③ 보툴리누스 식중독   ④ 세레우스균 식중독

77. 세균성 식중독 예방법과 거리가 먼 것은?

① 조리장 청결   ② 조리기 소독

③ 유독한 부위 세척   ④ 신선한 재료 사용

78. 해수세균의 일종으로 식염농도 3%에서 잘 생육하며 어패류를 생식할 경우 중독발생이 쉬운 균은?

① 보툴리누스균   ② 장염 비브리오균

③ 웰치균   ④ 살모넬라균

79. 식중독을 일으키는 세균 중 잠복기가 가장 짧은 것은?

① 웰치균   ② 보툴리누스균

③ 살모넬라균   ④ 포도상구균

---

80. 경구감염병과 비교할 때 세균성 식중독의 특징은?

   ① 2차 감염이 잘 일어난다.

   ② 경구감염병보다 잠복기가 길다.

   ③ 발병 후 면역이 생긴다.

   ④ 경구감염병보다 많은 양의 균으로 발병한다.

81. 정제가 불충분한 기름 중에 남아 식중독을 일으키는 물질인 고시폴은 어느 기름에서 유래하는가?

   ① 피마자유   ② 콩기름

   ③ 면실유   ④ 미강유

82. 자연독 식중독과 그 독성물질을 잘못 연결한 것은?

   ① 무스카린 – 버섯중독   ② 베네루핀 – 모시조개중독

   ③ 솔라닌 – 맥각중독   ④ 테트로도톡신 – 복어중독

83. 뉴로톡신이란 균체의 독소를 생산하는 식중독균은?

   ① 포도상구균   ② 보툴리누스균

   ③ 장염 비브리오균   ④ 병원성 대장균

84. 장염 비브리오균에 감염되었을 경우 주요증상은?

   ① 급성장염 질환   ② 피부농포

   ③ 신경마비 증상   ④ 간경변 증상

85. 다음 중 미나마타병을 발생시키는 것은?

   ① 카드뮴(Cd)   ② 구리(Cu)

   ③ 수은(Hg)   ④ 납(Pb)

86. 일본에서 공장폐수로 인해 오염된 식품을 섭취하고 이타이이타이병이 발생하여 식품공해를 일으킨 예가 있다. 이와 관계되는 유해성 금속화합물은?

   ① 카드뮴(Cd)   ② 수은(Hg)

   ③ 납(Pb)   ④ 비소(As)

87. 화학물질에 의한 식중독 원인이 아닌 것은?

   ① 유해한 중금속염   ② 농약

   ③ 불량 첨가물   ④ 에탄올

해답   80.④   81.③   82.③   83.②   84.①   85.③   86.①   87.④

88. 화학적 식중독과 관련된 설명이 잘못된 것은?

① 유해색소의 경우 급성독성은 문제되나 소량씩 연속적으로 섭취할 경우 만성독성의 문제는 없다.

② 인공감미료 중 사이클라메이트는 발암성이 문제되어 사용이 금지되어 있다.

③ 유해성 보존료인 포르말린은 식품에 첨가할 수 없으며 플라스틱 용기로부터 식품 중에 용출되는 것도 규제되고 있다.

④ 유해성 표백제인 롱가리트를 사용하면 포르말린이 오래도록 식품에 잔류할 가능성이 있으므로 위험하다.

89. 일반적으로 화농성 질환 또는 식중독의 원인이 되는 병원성 포도상구균은?

① 백색 포도상구균

② 적색 포도상구균

③ 황색 포도상구균

④ 표피 포도상구균

90. 미나마타병은 중금속에 오염된 어패류를 먹고 발생되는데 그 원인이 되는 금속은?

① Hg

② Cd

③ Pb

④ Zn

91. 다음 중 곰팡이 식중독의 중독 증상이 아닌 것은?

① 아플라톡신 중독

② 맥각 중독

③ 헤로인 중독

④ 황변미 중독

92. 주로 냉동된 육류 등 저온에서도 생존력이 강하고 수막염이나 임신부의 자궁 내 패혈증 등을 일으키는 식중독균은?

① 대장균

② 살모넬라균

③ 리스테리아균

④ 포도상구균

93. 쌀에 '이것'이 기생하고 증식하면 황변미 중독이 일어난다. '이것'은?

① 세균

② 곰팡이

③ 리케차

④ 바이러스

94. 메틸알코올의 중독 증상이 아닌 것은?

① 두통

② 구토

③ 실명

④ 환각

95. 아플라톡신을 생산하는 미생물은?

　　① 효모　　　　　　　　　　② 세균
　　③ 바이러스　　　　　　　　④ 곰팡이

96. 식중독 발생 시 조치 사항으로 잘못된 것은?

　　① 환자의 상태를 메모한다.
　　② 보건소에 신고한다.
　　③ 식중독 의심이 있는 환자는 의사의 진단을 받게 한다.
　　④ 먹던 음식물을 전부 폐기한다.

97. 다음 중 감미가 강한 유해 감미료는?

　　① 붕산　　　　　　　　　　② 아황산
　　③ 페릴라틴　　　　　　　　④ 산분해 물엿

98. 다음과 같은 특징을 갖는 독소형 식중독은?

> · 균은 혐기성 간균
> · 독소는 80℃에서 30분 정도 가열로 파괴
> · 증상은 시력저하, 동공확대, 신경마비
> · 원인 식품은 햄, 소시지, 통조림 등

　　① 보툴리누스균에 의한 식중독
　　② 장염 비브리오균에 의한 식중독
　　③ 병원성 대장균에 의한 식중독
　　④ 포도상구균에 의한 식중독

99. 비교적 내열성이 강하여 100℃에서 6시간 정도의 가열 시 겨우 살균할 수 있는 식중독 원인균으로, 불충분하게 살균된 통조림식품에서 유래될 수 있는 것은?

　　① 병원 대장균　　　　　　② 살모넬라균
　　③ 장염 비브리오균　　　　④ 보툴리누스균

100. 유해성 감미료는?

　　① 물엿　　　　　　　　　　② 자당
　　③ 사이클라메이트　　　　　④ 아스파탐

해답　95.④　96.④　97.③　98.①　99.④　100.③

101. 다음 중 유해 표백제는?

    ① 페릴라틴, P-니트로-O-톨루이딘

    ② 롱가리트, 삼염화질소

    ③ 오라민, 로다민 B

    ④ 둘신, 사이클라메이트

102. 식품에 세균이 오염되어 증식 시 이들이 생성한 유독물질에 의해 발생되는 생리적 이상현상은?

    ① 감염형 세균성 식중독   ② 독소형 세균성 식중독

    ③ 화학적 식중독   ④ 동물성 식중독

103. 세균성 식중독을 예방하는 방법과 가장 거리가 먼 것은?

    ① 조리장의 청결 유지   ② 조리기구의 소독

    ③ 유독한 부위 세척   ③ 신선한 재료의 사용

104. 다음 중 냉장온도에서도 증식이 가능하여 육류, 가금류 외에도 열처리 하지 않은 우유나 아이스크림, 채소 등을 통해서도 식중독을 일으키며 태아나 임신부에 치명적인 식중독 세균은?

    ① 캠필로박터균(Campylobacter jejuni)

    ② 바실러스균(Bacilluscereus)

    ③ 리스테리아균(Listeria monocytogenes)

    ④ 비브리오 패혈증균(Vibrio vulnificus)

105. 유해금속을 사용한 통조림용 관에서 주로 용출되는 유해성 금속 물질은?

    ① 요소, 왁스   ② 납, 주석

    ③ 카드뮴, 크롬   ④ 수은, 유황

106. 식중독 발생의 주요 경로인 배설물-구강오염 경로(fecal-oral route)를 차단하기 위한 방법으로 가장 적합한 것은?

    ① 손씻기 등 개인위생 지키기

    ② 음식물 철저히 가열하기

    ③ 조리 후 빨리 섭취하기

    ④ 남은 음식물 냉장 보관하기

제 3 장 전염병과 기생충 감염

107. 질병 발생의 3대 요소가 아닌 것은?

① 병인   ② 환경

③ 항생제   ④ 숙주

108. 경구감염병이 아닌 것은?

① 장티푸스   ② 뇌염

③ 이질   ④ 콜레라

109. 경구감염병에 대한 다음 설명 중 잘못된 것은?

① 2차 감염이 일어난다.

② 미량의 균량으로도 감염을 일으킨다.

③ 장티푸스는 세균에 의하여 발생한다.

④ 이질, 콜레라는 바이러스에 의하여 발생한다.

110. 경구감염병의 예방대책 중 보균자에 대한 대책으로 바르지 않은 것은?

① 건강유지와 저항력의 향상에 노력한다.

② 의식전환 운동, 계몽 활동, 위생교육 등을 정기적으로 실시한다.

③ 백신이 개발되어진 감염병은 반드시 예방접종을 실시한다.

④ 예방접종은 1회로 완료된다.

111. 식품 등을 통해 전염되는 경구감염병의 특징과 거리가 먼 것은?

① 원인 미생물은 세균, 바이러스 등이다.

② 미량의 균량에서도 감염을 일으킨다.

③ 화학물질이 원인이 된다.

④ 2차 감염이 빈번하게 일어난다.

112. 경구감염병의 예방법으로 가장 적절하지 않은 것은?

① 식품을 냉장보관한다.

② 감염원이나 오염물을 소독한다.

③ 보균자의 식품취급을 금한다.

④ 주위환경을 청결히 한다.

해답   107.③   108.②   109.④   110.④   111.③   112.①

113. 세균의 감염에 의하여 일어나는 경구 전염병은?

① 인플루엔자　　　　　　　　　② 후천성 면역결핍증
③ 유행성 일본뇌염　　　　　　　④ 콜레라

114. 세균성 식중독과 비교하여 볼 때 경구감염병의 특징으로 볼 수 없는 것은?

① 적은 양의 균으로도 질병을 일으킬 수 있다.
② 2차 감염이 된다.
③ 잠복기가 비교적 짧다.
④ 면역이 잘된다.

115. 다음 중 경구감염병이 아닌 것은?

① 콜레라　　　　　　　　　　　② 이질
③ 발진티푸스　　　　　　　　　④ 유행성 간염

116. 폐디스토마의 제1중간 숙주는?

① 참붕어　　　　　　　　　　　② 다슬기
③ 민물고기　　　　　　　　　　④ 게, 가재

117. 파리의 전파와 관계가 먼 질병은?

① 장티푸스　　　　　　　　　　② 콜레라
③ 이질　　　　　　　　　　　　④ 진균중독증

118. 파리, 모기를 구제할 수 있는 가장 안정적인 방법은?

① 살충제를 사용한다.　　　　　② 발생지를 제거한다.
③ 음식물을 냉장보관한다.　　　④ 유충을 구제한다.

119. 쇠고기를 불충분하게 가열하여 섭취할 경우 감염되는 기생충은?

① 민촌충　　　　　　　　　　　② 갈고리촌충
③ 선모충　　　　　　　　　　　④ 간흡충

120. 음식물로 인해 감염되는 병이 아닌 것은?

① 식중독　　　　　　　　　　　② 디스토마
③ 광견병　　　　　　　　　　　④ 두드러기

해답　113.④　114.③　115.③　116.②　117.④　118.②　119.①　120.③

121. 위달 반응은 다음 감염병 중 어느 감염병의 진단에 이용 하는가?

① 장티푸스 　　　　　　　　② 콜레라
③ 이질 　　　　　　　　　　④ 디프테리아

122. 사람과 동물이 같은 병원체에 의하여 발생하는 질병 또는 감염 상태와 관련 있는 질병을 총칭하는 것은?

① 법정감염병 　　　　　　　② 화학적 식중독
③ 인수공통감염병 　　　　　④ 진균독증

123. 인수공통감염병이 아닌 것은?

① 탄저병 　　　　　　　　　② 장티푸스
③ 결핵 　　　　　　　　　　④ 야토병

124. 증상은 장티푸스나 야토병과 비슷하나 주기적으로 반복되어 열이 나므로 파상열이라고 부르는 인수공통감염병은?

① 탄저병 　　　　　　　　　② 콜레라
③ 이질 　　　　　　　　　　④ 장티푸스

125. 인수공통감염병인 것은?

① Q열 　　　　　　　　　　② 결핵
③ 브루셀라병 　　　　　　　④ 돈단독

126. 제2군 전염병에 해당되는 것은?

① 콜레라 　　　　　　　　　② 파라티푸스
③ 백일해 　　　　　　　　　④ 결핵

127. 야채를 통해 감염되는 대표적인 기생충은?

① 광절열두조충 　　　　　　② 선모충
③ 폐흡충 　　　　　　　　　④ 회충

128. 다음 중 바이러스로 전염되는 병은?

① 발진티부스 　　　　　　　② 세균성 이질
③ 유행성 간염 　　　　　　　④ 브루셀라

해답　121.①　122.③　123.②　124.③　125.①　126.③　127.④　128.③

129. 다음 중 병원체가 바이러스인 질병은?

① 소아마비   ② 결핵
③ 디프테리아   ④ 성홍열

130. 다음 중 일반적으로 잠복기가 가장 긴 것은?

① 유행성 간염   ② 디프테리아
③ 페스트   ④ 세균성 이질

131. 다음 감염병 중 잠복기가 가장 짧은 것은?

① 후천성 면역결핍증   ② 광견병
③ 콜레라   ④ 매독

132. 원인균이 내열성포자를 형성하기 때문에 병든 가축의 사체를 처리할 경우 반드시 소각처리 하여야 하는 인수 공통감염병은?

① 돈단독   ② 결핵
③ 파상열   ④ 탄저병

133. 결핵의 중요한 감염원이 될 수 있는 것은?

① 토끼고기   ② 양고기
③ 돼지고기   ④ 불완전 살균우유

134. 원인균은 바실러스 안트라시스이며, 수육을 조리하지 않고 섭취하였거나 피부의 상처부위로 감염되기 쉬운 인수공통감염병은?

① 야토병   ② 탄저병
③ 브루셀라병   ④ 돈단독

135. 제병작업에 종사해도 무관한 질병은?

① 이질   ② 약물 중독
③ 결핵   ④ 변비

136. 제1군 감염병으로 소화기계 감염병은?

① 결핵   ② 화농성 피부염
③ 장티푸스   ④ 독감

해답 129.①   130.①   131.③   132.④   133.④   134.②   135.④   136.③

137. 병원체가 음식물, 손, 식기, 완구, 곤충 등을 통하여 입으로 침입하여 감염을 일으키는 것 중 바이러스에 의한 것은?

① 이질   ② 폴리오
③ 장티푸스   ④ 콜레라

138. 장티푸스에 관한 사항으로 잘못된 것은?

① 잠복기간은 7~14일이다.
② 사망률을 10~20% 이다.
③ 앓고 난 뒤 강한 면역이 생긴다.
④ 예방할 수 있는 백신은 개발되어 있지 않다.

139. 다음 중 소화기계 감염병은?

① 세균성 이질   ② 디프테리아
③ 홍역   ④ 인플루엔자

140. 감염병은 다음과 같은 감염과정을 거친다. 괄호 안에 가장 적당한 과정은?

병원체 → 병원소 → 병원소에서 병원체 탈출 → (   ) → 숙주에 침입 → 숙주의 감염

① 성숙   ② 분열
③ 전파   ④ 합성

141. 법정감염병이 아닌 것은?

① 세균성 이질   ② 콜레라
③ 유행성 이하선염   ④ 유행성 감기

142. 다음의 조건을 충족시키는 경구감염병은?

〈조건〉 1. 경구로 감염된다.
             2. 2~3일의 잠복기 이후에 복통, 설사, 발열 등이 일어난다.
             3. 10세 이하의 어린이가 최고의 이환율을 보인다.
             4. 파리나 쥐가 매개체이다.

① 이질   ② 장티푸스
③ 파라티푸스   ④ 콜레라

해답 137.②   138.④   139.①   140.③   141.④   142.①

143. 다음 감염병 중 쥐를 매개체로 전염되는 질병이 아닌 것은?

① 돈단독증

② 쯔쯔가무시증

③ 신증후군출혈열(유행성출혈열)

④ 렙토스피라증

144. 산양, 양, 돼지, 소에게 감염되면 유산을 일으키고, 인체 감염시 고열이 주기적으로 일어나는 인수공통감염병은?

① 광우병   ② 공수병

③ 파상열   ④ 신증후군출혈열

145. 법정감염병 중 전파속도가 빠르고 국민건강에 미치는 위해 정도가 커서 발생 즉시 방역대책을 수립해야 하는 감염병은?

① 제1군 감염병   ② 제2군 감염병

③ 제3군 감염병   ④ 제4군 감염병

146. 인체 유래 병원체에 의한 감염병의 발생과 전파를 예방하기 위한 올바른 개인위생관리로 가장 적합한 것은?

① 식품 작업 중 화장실 사용 시 위생복을 착용한다.

② 설사증이 있을 때에는 약을 복용한 후 식품을 취급한다.

③ 식품 취급 시 장신구는 순금제품을 착용한다.

④ 정기적으로 건강검진을 받는다.

147. 다음 중 동종간 접촉에 의한 전염성이 없는 것은?

① 세균성 이질   ② 조류독감

③ 광우병   ④ 구제역

148. 진드기에 대한 설명으로 옳지 않은 것은?

① 양충병, 유행성 출혈열, 재귀열 등을 전파한다.

② 잡식성이며 햇빛을 좋아하고, 몸에 거의 수분이 없다.

③ 병원균과 곰팡이를 식품에 옮기며, 인체 진드기를 유발한다.

④ 식품을 밀봉하여 진드기 침입을 막고, 살충제 등을 이용해 구제한다.

해답   143.①   144.③   145.①   146.④   147.③   148.②

제 4 장 식품 첨가물

149. 식품 첨가물이란?
　　① 화학적 합성품만을 말한다.
　　② 천연품만을 말한다.
　　③ 화학성분은 약국에서만 판매한다.
　　④ 허용된 식품에만 적정량 사용해야 하며 천연품, 합성품이 있다.

150. 첨가물에 대한 설명으로 옳지 않은 것은?
　　① 원재료 외에 넣는 것으로 보존성, 기호성을 향상시킨다.
　　② 비의도적으로 첨가된 것이다.
　　③ 천연, 화학적 합성품을 모두 포함한다.
　　④ 식품의 품질을 개량한다.

151. 식품첨가물이 갖추어야 할 조건이 아닌 것은?
　　① 변질 미생물에 대한 증식 억제 효과가 커야 한다.
　　② 독성이 없거나 극히 적어야 한다.
　　③ 사용하기 까다로우며 미량으로도 효과가 커야 한다.
　　④ 무미, 무취이고 자극성이 없어야 한다.

152. 보존료에 대한 설명으로 옳지 않은 것은?
　　① 무미, 무색, 무취이며 제품에 영향을 주지 않아야 한다.
　　② 값이 싸고 사용이 용이해야 한다.
　　③ 독성이 없거나 장기적으로 사용해도 인체에 해가 없어야 한다.
　　④ 첨가한 제품의 보존기간이 길어야 하고 오래 남아 있어야 한다.

153. 다음 중 산화 방지제가 아닌 것은?
　　① BHA　　　　　　　　　　　② BHT
　　③ 에스소르브산　　　　　　　④ 비타민 A

154. 육류가공품 가공 시 고기의 본색을 나타나도록 하기 위해 사용하는 첨가물은?
　　① 발색제　　　　　　　　　　② 착색제
　　③ 강화제　　　　　　　　　　④ 식용색소

해답　149.④　150.② 　151.③　 152.④　 153.④　 154.①

155. 식품 첨가물의 가장 중요한 성질은?

① 맛 ② 향
③ 안전성 ④ 영양성

156. 착색효과와 영양 강화의 효과를 동시에 갖는 첨가물은?

① 식용적색 2호 ② 베타카로틴
③ 리보플라빈 ④ 아스코르빈산

157. 식물성 색소가 아닌 것은?

① 플라보노이드 색소 ② 식용색소 적색 제40호
③ 엽록소 ④ 안토시아닌 색소

158. 식품제조 공정에서 거품을 없애는 용도로 사용되는 첨가제는?

① 글리세린 ② 프로필렌글리콜
③ 퍼퍼로닐부룩사이드 ④ 규소수지

159. 팥 앙금 제조 시 사용하는 보존료는?

① 프로피온산 칼슘 ② 안식향산나트륨
③ 솔빈산 칼륨 ④ 리폭시타아제

160. 식품첨가물의 규격과 사용기준을 지정하는 곳은?

① 식품의약품 안전청장 ② 국립보건원장
③ 시·도 보건연구소장 ④ 시·군 보건소장

161. 식품 첨가물 중 표백제가 아닌 것은?

① 소르빈산 ② 과산화수소
③ 산성아황산나트륨 ④ 차아황산나트륨

162. 팥앙금류, 잼, 케첩, 식품 가공품에 사용하는 보존료는?

① 프로피온산 ② 데히드로초산
③ 소르빈산 ④ 파라옥시 안식향산 부틸

163. 식품의 제조, 가공 또는 보존을 함에 있어 식품에 첨가, 혼합, 침윤 기타의 방법에 의하여 사용되는 물질은 다음 중 어느 것인가?

해답	155. ③	156. ②	157. ②	158. ④	159. ③	160. ①	161. ①	162. ③	163. ①

① 식품 첨가물   ② 식품 영양제

③ 식품 보조제   ④ 식품 가공약품

164. 식품첨가물 중에서 보존제의 사용목적이 아닌 것은?

① 식품의 변질 방지   ② 식품의 영양가 보존

③ 수분 감소 방지   ④ 신선도 유지

165. 과산화수소의 주 사용 목적은?

① 보존료   ② 표백제

③ 살균제   ④ 산화방지제

166. 일명 점착제로 식품의 점착성을 증가시켜 미각을 증진시키는 효과를 갖는 첨가물은?

① 팽창제   ② 호료

③ 용제   ④ 유화제

167. 식품에 손실된 영양분의 보충이나 함유되어 있지 않은 영양분을 첨가하는데 사용되는 식품첨가물은?

① 산미료   ② 착향료

③ 감미료   ④ 강화제

제 5 장 소독과 살균

168. 식기소독 시 어느 것을 사용하는 것이 가장 좋은가?

① 중성세제   ② 30% 알코올

③ 온수   ④ 염소제

169. 소독이란 다음 중 어느 것을 뜻하는가?

① 모든 미생물을 전부 사멸시키는 것

② 물리 또는 화학적 방법으로 병원체를 파괴시키는 것

③ 병원성 미생물을 죽여서 감염의 위험성을 제거하는 것

④ 오염된 물질을 깨끗이 닦아 내는 것

170. 다음의 정의 중 옳지 않은 것은?

① 소독 – 물리, 화학적인 방법으로 병원균만을 사멸하는 행위

② 살균 – 미생물에 물리, 화학적 자극을 주어 장시간에 걸쳐 사멸하는 일

③ 살균 – 병원 미생물 뿐 아니라 모든 미생물을 사멸시키는 행위

④ 방부 – 미생물의 증식을 정지시키는 일

171. 소독과 살균의 물리적 방법 중 바이러스가 걸러지지 않는 방법은?

① 자외선 살균법　　　　　　　② 소각 멸균법

③ 세균 여과법　　　　　　　　④ 건열 멸균법

172. 물리적으로 살균하는 방법이다. 설명이 옳지 않은 것은?

① 소각 멸균법 – 재사용하지 않는 물건을 대상으로 물건과 오염된 미생물을 동시에 소각하는 방법

② 화염 멸균법 – 불에 타지 않는 물체를 알코올램프나 분젠 버너 불꽃에 20초 이상 넣어 미생물을 죽이는 방법

③ 고압 증기 멸균법 – 고압 증기 멸균솥으로 살균하여 미생물 뿐 아니라 아포까지 죽일 수 있는 방법

④ 열탕 소독법 – 100℃의 증기 중에서 15~20분간 가열 조작을 24시간마다 3회 연속 되풀이하는 방법

173. 다음 화학적 살균 방법 중 원액을 200~400배로 희석하여 손, 식품, 기구 등에 사용하는 것은?

① 역성비누　　　　　　　　　② 과산화수소

③ 크레졸 비누액　　　　　　　④ 0.1% 승홍수

174. 화학적 방법으로 소독하는 방법들이다. 옳지 않은 것은?

① 치아염소산나트륨 – 음료수, 기구, 설비 등에 50~100ppm 용액을 5~10분간 처리한다.

② 염소 – 잔류 염소량은 0.1~0.2ppm이 되어야 한다.

③ 과산화수소 – 70%의 수용액을 금속, 유리 기구, 손 소독 등에 사용한다.

④ 생석회 – 오물 소독에 가장 우선적으로 사용한다.

175. 다음 중 무해하기 때문에 손이나 조리기구 등의 소독에 가장 적당한 것은?

① 역성비누　　　　　　　　　② 머큐로크롬

③ 알코올　　　　　　　　　　④ 과산화수소

 170.② 　171.③ 　172.④ 　173.① 　174.③ 　175.①

제 6 장 식품위생관리

176. 식품위생의 관리 범위를 잘 설명한 것은?

① 수확에서 조리시까지   ② 조리시에서 섭취까지
③ 재배부터 섭취까지   ④ 저장에서 섭취까지

177. 식품 보존 시 위생상 옳지 않은 것은?

① 미생물이 번식할 수 없게 말려서 보관   ② 냉동보관
③ 끓여서 상온에 보관   ④ 살균하여 진공 포장

178. 식품 취급자의 준수사항 중 옳지 않은 것은?

① 열이 나거나 설사를 할 때는 즉시 의사의 진단을 받고 그 지시에 따른다.
② 전용화장실을 사용하며 용변 후 손을 씻고 소독한다.
③ 손톱은 짧게 깎고 깨끗이 하여 청결을 유지한다.
④ 영업자는 영업개시 후 건강진단을 받는다.

179. 정기 건강진단을 받아야 하는 자의 항목 및 횟수로 바르지 못한 것은?

① 장티푸스 – 연 1회   ② 폐결핵 – 연 1회
③ 전염성 피부질환 – 연 1회   ④ 소아마비, 홍역 – 연 1회

180. 환경 위생관리와 가장 거리가 먼 것은?

① 상하수도 관리   ② 예방접종의 관리
③ 쓰레기의 처리 관리   ④ 음료수의 위생관리

181. 환경 위생관리와 가장 거리가 먼 것은?

① 상하수도 관리   ② 예방접종의 관리
③ 쓰레기의 처리 관리   ④ 음료수의 위생관리

182. 플라스틱 용기의 독성물질로 문제가 되는 것은?

① 레타놀   ② 카드뮴
③ 포르말린   ④ 철

183. 식품영업에 종사할 수 있는 자는?

① 알코올중독자   ② 화농성 질환자

해답   176.③   177.③   178.④   179.④   180.②   181.④   182.③   183.④

③ 간염환자 ④ 위장병환자

184. 식품 위생에 속하지 않는 것은?

① 세균성 식중독 ② 비타민 결핍증
③ 복어 중독 ④ 부패 중독

185. 포장 후 화학적 식중독이 감염되는 용기로 유해하지 않는 것은?

① 형광물질이 함유된 종이물질 ② 착색된 비닐포장재
③ 페놀수지 제품 ④ 알루미늄박 제품

186. 합성 플라스틱 용기에서 용출되는 유해물질은?

① 메탄올 ② 포르말린
③ 수은 ④ 카드뮴

187. 플라스틱 포장재가 아닌 것은?

① 멜라민 수지 ② 염화수소고무
③ 폴리스틸렌 ④ 폴리에틸렌

188. 셀로판의 특징으로 옳지 않은 것은?

① 일반적으로 독성이 없다.
② 가시광선을 거의 투과시키지 못한다.
③ 온도의 영향을 많이 받는다.
④ 보통 셀로판에는 방습성이 없으나 방습 셀로판과 폴리셀로는 방습성이 있다.

189. 포장재 자체를 먹을 수 있는 것으로 치즈, 버터의 내유피막으로 사용하며 물에 녹지 않아 셀로판 정도로 질기고 신축성이 있는 포장재는?

① 알루미늄박 ② 폴리염화 비닐
③ 염화수소 고무 ④ 아밀로오스 필름

190. 위생동물은 식품자체의 피해와 인체에 대한 영향이 매우 크다. 다음 중 위생해충의 특성과 거리가 먼 것은?

① 식성범위가 넓다.
② 쥐, 진드기류, 파리, 바퀴 등이 속한다.
③ 병원미생물은 식품에 감염시키는 것도 있다.
④ 일반적으로 발육기간이 길다.

해답 184.② 185.④ 186.② 187.① 188.② 189.④ 190.④

191. 일반적으로 식품의 저온 살균온도로 가장 적합한 것은?

① 20~30℃

② 60~70℃

③ 100~110℃

④ 130~140℃

192. 식품 위생의 대상과 가장 거리가 먼 것은?

① 영양 결핍증 환자

② 세균성 식중독

③ 농약에 의한 식품 오염

④ 방사능에 의한 식품 오염

193. 식품 중의 미생물 수를 줄이기 위한 방법으로 가장 부적합한 것은?

① 방사선 조사

② 냉장

③ 열탕

④ 자외선 처리

194. HACCP에 대한 설명 중 틀린 것은?

① 식품위생의 수준을 향상 시킬 수 있다.

② 원료부터 유통의 전 과정에 대한 관리이다.

③ 종합적인 위생관리체계이다.

④ 사후처리의 완벽을 추구한다.

195. 다음 중 HACCP 적용의 7가지 원칙에 해당하지 않는 것은?

① 위해요소분석

② HACCP팀 구성

③ 한계기준설정

④ 기록유지 및 문서관리

196. PL에 대한 설명으로 옳지 않은 것은?

① 소비자 보호를 위해 제조업자에게 불량 제조물의 책임을 묻는 제도이다.

② 식품의 경우 단순 냉동, 냉장, 건조, 절단한 1차 상품까지 대상으로 한다.

③ 소비자 또는 제3자가 제조물의 결함으로 인해 피해를 입었을 경우 관련된 자가 책임을 지고 배상해야 한다.

④ 2000년 1월 12일 제조물책임법을 신규제정하면서 도입되었다.

197. 식품취급에서 교차오염을 예방하기 위한 행위 중 옳지 않은 것은?

① 칼, 도마를 식품별로 구분하여 사용한다.

② 고무장갑은 일관성 있게 하루에 하나씩 사용한다.

③ 조리 전 육류와 채소류는 접촉되지 않도록 구분한다.

④ 위생복은 식품용과 청소용으로 구분하여 사용한다.

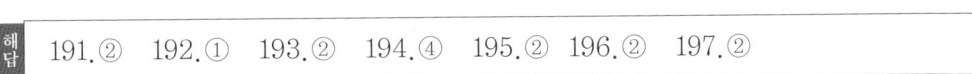

해답 191.② 192.① 193.② 194.④ 195.② 196.② 197.②

198. 식자재의 교차오염을 예방하기 위한 보관방법으로 잘못된 것은?

① 원재료와 완성품 구분하여 보관

② 바닥과 벽으로부터 일정거리를 띄워 보관

③ 뚜껑이 있는 청결한 용기에 덮개를 덮어서 보관

④ 식자재와 비식자재를 함께 식품창고에 보관

199. 다음 냉장고 사용법 중 잘못된 것은?

① 온도가 낮으므로 장시간 저장해도 좋다.

② 식품의 수분이 건조되므로 밀봉하여 보관한다.

③ 열고 닫는 횟수를 가능한 줄인다.

④ 더운 음식은 식혀서 냉장고에 보관한다.

제 7 장 행정 및 법규

200. 2013년 3월 22일부터 모든 식품위생행정업무는 이곳으로 일원화 되었다. 어디인가?

① 식품의약품안전청

② 시·도 보건환경연구원

③ 각 구청

④ 각 시청 보건과

201. 식품위생법의 부속 법령이 아닌 것은?

① 식품위생법 시행령   ② 국민 영양 개선령

③ 식품 등 규격 및 기준   ④ 조리 설비류 개선령

202. 식품 위생법에서 식품위생의 대상물이 아닌 것은?

① 식품첨가물   ② 기구, 용기

③ 포장   ④ 제조방법

203. 다음 중 영업허가를 받아야 할 업종은?

① 식품운반업   ② 식품소분·판매업

③ 단란주점영업   ④ 식품제조·가공업

 해답   198.④   199.①   200.①   201.④   202.④   203.③

204. 즉석판매제조가공업의 정의이다. 옳은 것은?

① 식품을 제조 가공하여 업소 내에서 직접 최종소비자에게 판매하는 영업

② 식품을 제조 가공하는 영업

③ 식품을 제조하여 판매 업소에 납품하는 영업

④ 식품을 제조 가공하여 도매하는 영업

205. 다음은 즉석판매제조, 가공업의 영업 범위에 관한 설명이다. 옳지 않은 것은?

① 즉석판매제조, 가공업에서 제조, 가공한 식품은 영업장외의 장소에서 판매하거나 판매를 목적으로 하는 사람에게 판매해서는 아니 된다.

② 뷔페식당이 즉석판매제조, 가공업소가 제조, 가공한 식품을 구매하여 단일품목으로 판매하지 아니하고 다른 음식과 함께 제공하는 행위는 가능하다.

③ 학교 등 집단급식소의 관계자가 즉석 제조, 가공업소를 직접 방문하여 구매한 후 영업자가 서비스 제공 차원에서 집단급식소에 배달해주는 경우라도 즉석판매 제조, 가공된 식품을 직접 최종소비자가 구입한 경우로 볼 수 없으므로 위반이다.

④ 즉석판매제조, 가공업소에서 제조, 가공한 식품을 식품접객업소 및 집단급식소에서 조리용 또는 타 음식의 재료로 사용할 수 있으나, 이 경우 식품접객업소 및 집단급식소에서는 즉석판매제조, 가공업소에서 제조, 가공된 개개의 제품에 유통기한 등 식품 등의 표시기준에 의한 표시가 있는 것을 사용하여야 한다.

206. 다음은 스팀보일러 위생관리지침에 일일위생관리 점검표의 점검항목이다. 옳지 않는 것은?

① 물탱크 배수

② 스팀과 잔류 수 배출

③ 스팀 관 및 보일러 주변 청소여부

④ 물탱크 사용시간

207. 식품의 안전과 품질향상을 도모하고 2007년 식약청과 우리협회는 스팀 보일러를 사용하여 떡, 만두, 두부 등을 제조 판매하는 즉석판매제조가공업소의 스팀보일러 위생관리지침을 마련하였다. 다음 중 그 지침이 아닌 것은?

① 보일러 내부 물탱크의 물은 최소한 주 1회 주기적으로 교환하여 침전물 등을 제거하여야 한다.

② 작업 종료 후 스팀 유도관에 설치된 잔류수 배출 밸브를 개방하여 잔류수를 배출하여야 한다.

③ 보일러를 항상 청결하게 유지 관리하여야 한다.

④ 일일 위생관리 점검표를 철저히 기록 유지하여야 한다.

208. 즉석판매제조가공업의 영업자 준수사항으로 바르지 않은 것은?

① 손님이 보기 쉬운 곳에 가격표를 게시하여야 한다.

② 영업신고증을 업소 내에 보관하여야 한다.

③ 위해평가로 일시적으로 금지된 식품 등에 대해서는 제조가공판매하여서는 아니된다.

④ 종업원의 보건증을 고객이 보기 쉬운 곳에 게시하여야 한다.

209. 다음 업종 중 사카린이나 보존료를 쓰지 않았을 경우 자가품질검사를 하지 않아도 되는 업종은?

① 즉석판매제조가공업 중 떡류　　　　② 즉석판매제조가공업 중 압착류

③ 즉석판매제조가공업 중 추출류　　　④ 제조가공업 중 떡류

> ◎ 참고
> 식품위생법 제31조 자가품질검사의 의무와 관련하여 식품 등을 제조·가공하는 영업을 하는 자는 보건복지부령
> 이 정하는 바에 의하여 자가품질검사를 하여야 한다.

210. 다음 중 관능검사에 해당되지 않는 것은?

① 맛　　　　　　　　　　　　② 영양

③ 향　　　　　　　　　　　　④ 색

211. 다음 중 관능검사의 필요성으로 맞지 않는 것은?

① 소비자의 요구 특성 반영　　　　② 품질개선

③ 위해요소 검사　　　　　　　　④ 신제품 개발에 사용

212. 즉석판매제조가공업 영업신고 시 시설기준에 적합하지 않은 것은?

① 독립된 건물이거나 즉석판매제조가공외의 용도로 사용되는 시설과 분리되어야 한다.

② 식품의 제조 가공시설이 설치된 제조가공실을 두어야 한다.

③ 화장실은 작업장에 영향을 미치지 아니하는 곳에 설치하여야 한다.

④ 냉동 또는 냉장시설을 갖춘 적재고가 설치되어야 한다.

213. 식품위생법 제63조 및 시행령 제50조에 의거 식품의약품안전청의 관리감독 하에 즉석판매제조가공업소의 자율지도를 실시하여야 한다. 그 기간으로 맞는 것은?

① 월 1회　　　　　　　　　　② 연 1회 이상

③ 연 2회 이상　　　　　　　　④ 연 4회 이상

214. 시민식품위생감시인의 임무로 옳지 않은 것은?

① 식품 등의 위생적 취급기준의 이행점검

② 표시기준 또는 과대광고 금지의 위반여부에 관한 점검

③ 시설기준의 적합여부의 확인점검

④ 연 2회 이상의 위생 점검 실시

215. 즉석판매제조가공업의 자율지도 항목으로 바르지 않은 것은?

① 종사자의 위생복 위생모 개인장신구 착용여부

해답　209.①　210.②　211.③　212.④　213.③　214.④　215.②

② 원료수불부, 생산작업일지, 거래기록서류 작성여부

③ 배수구의 덮개 설치 및 위생적 관리여부

④ 영업신고 여부

216. 고춧가루 분쇄기 안전관리지침으로 옳지 않은 것은?

① 고추의 꼭지(꽃받침 제외)는 반드시 제거하여 사용

② 고추씨를 첨가하여 빻는 것은 가능하다.

③ 금속성 이물제거장치를 설치하여야 한다.

④ 분쇄기는 기기 및 그 주변의 청소가 용이하도록 벽면과 충분한 간격을 두고 설치한다.

217. 위반사항과 관련하여 과태료부과 내용으로 옳지 않은 것은?

① 식품 등의 원료 및 제품 중 부패 변질이 되기 쉬운 것을 냉동 냉장시설에 보관하지 않은 자 – 30만원

② 식품 등의 제조 가공 조리 또는 포장에 직접 종사하는 자에 대하여 위생모를 착용시키지 않은 자 – 20만원

③ 유통기한이 경과된 식품 등을 판매하거나 판매의 목적으로 진열, 보관한 자 – 30만원

④ 위생교육을 받지 아니한 영업자 – 30만원

218. 다음의 국내 가공품의 농산물 원산지표시방법 중 잘못된 것은?

① 국내 가공품의 농산물원산지표시에서 물·식품첨가물·당류 및 식염은 배합 비율의 순위와 표시대상에서 제외한다.

② 가공품의 신뢰도를 높이기 위하여 필요한 경우에는 규정에 의한 표시대상원료 외의 원료에 대하여도 그 원산지를 표시할 수 있다.

③ 국산원료는 국산 또는 국내산으로 표시할 수 있으나 그 원료가 생산된 특별시·광역시·도명이나 시·군·자치구명으로 표시할 수는 없다.

④ 국내 가공품에 사용된 원료 농산물의 원산지가 모두 국산일 경우에는 원산지를 일괄하여 국산 또는 국내산으로 표시할 수 있다.

219. 다음은 원료의 배합비율에 따른 농산물 원산지 표시방법이다. 잘못된 것은?

① 사용된 당해원료 중 배합비율이 50% 이상인 원료가 있는 경우에는 그 원료를 표시한다.

② 배합비율이 50% 이상인 원료가 없는 경우에는 배합비율이 높은 순으로 2가지의 원료를 대상으로 한다.

③ 특정원료의 명칭을 제품명으로 한 경우에는 원료의 배합비율에 따라 표시하는 2가지 표시방법에 추가해 특정명칭으로 사용한 원료의 원산지는 소량이라도 반드시 표시한다.

④ 가공품의 원산지표시에 있어서 그 표시의 위치, 글자의 크기, 색도 등 표시방법에 관하여 필요한 사항은 보건복지부장관이 정하여 고시한다.

220. 가공품원료의 수급사정으로 인하여 원료 원산지의 잦은 변경이 있는 경우, 농림수산식품부장관이 정하여 고시하는 바에 따라 원료의 원산지를 표시할 수 있다. 경우에 해당하지 않는 것은?

① 특정원료의 원산지가 최근 3년 이내에 연 평균 3개국 이상 변경되거나 최근 1년 동안에 3개국 이상 변경된 경우

② 정부가 가공품원료로 공급하는 수입쌀을 사용하는 경우

③ 기타 농림수산식품부장관이 필요하다고 인정하여 고시하는 경우

④ 최근 1년 내지 3년간 연평균 3회 이상 가공품에 사용된 원료의 수입국가가 변경된 경우라도 수입 원료의 원산지를 수입산으로 표시할 수 없다.

221. 다음 중 원산지가 다른 동일 품목을 혼합한 농산물의 원산지 표시방법으로 잘못된 것은?

① 국산으로 생산지역이 다른 동일품목의 농산물을 혼합한 경우에는 혼합비율이 높은 순으로 3개 지역까지 지역명과 그 혼합비율을 표시하거나 국산 또는 국내산으로 표시한다.

② 원산지 국가가 다른 동일품목의 농산물을 혼합한 경우에는 혼합비율이 높은 순으로 3개 국까지 원산지와 그 혼합비율을 표시한다.

③ 동일원료를 원산지가 다른 원료를 혼합하여 사용한 경우에는 원산지별 혼합비율이 높은 순으로 원산지 및 혼합비율을 표시한다. 다만, 3개국 이상의 국가에서 생산된 동일 원료를 혼합하여 사용한 경우에는 2개국까지의 원산지 및 혼합비율을 표시할 수 있다.

④ 동일원료에 대하여 원산지별 혼합비율의 변경이 있는 경우로서 어느 하나의 폭이 최대 30% 이하인 때에는 종전의 원산지별 혼합비율이 표시된 포장재를 혼합비율의 변경이 있는 날부터 1년 범위 내에서 사용할 수 있다.

222. 찹쌀 6kg(국산), 멥쌀 4kg(중국산), 소금 130g, 물 500g, 설탕 500g, 팥 3kg(중국산)으로 반찰시루떡을 할 때 가장 간단한 원산지 표시로 옳은 것은?

① 찹쌀 42%(국산)

② 찹쌀 42%(국산), 멥쌀 28%(중국산)

③ 찹쌀 42%(국산), 멥쌀 28%(중국산), 팥 21%(중국산)

④ 멥쌀 28%(중국산), 팥 21%(중국산)

223. 멥쌀 10kg(국산) 소금 130g, 물 1.3kg, 설탕 1.3kg(미국산), 물호박 4.1kg(중국산), 거피팥고물 4.2kg(국산)으로 물호박시루떡을 할 경우 가장 간단한 원산지 표시는?

① 멥쌀 48%(국산)

② 멥쌀 48%(국산), 거피팥고물 20%(국산)

③ 멥쌀 48%(국산), 거피팥고물 20%(국산), 물호박 19%(중국산)

④ 멥쌀 48%(국산), 거피팥고물 20%(국산), 물호박 19%(중국산), 설탕 6%(미국산), 소금 1%(중국산)

224. 멥쌀 10kg(국산쌀 2kg, 중국산쌀 8kg), 소금130g, 설탕1.3kg, 물 1.3kg으로 백설기를 할 경우 가장 간단한 원산지 표시로 옳은 것은?

① 쌀 79%(중국산쌀 80%, 국산쌀 20%)

② 쌀 79%(국산쌀 20%, 중국산쌀 80%)

③ 쌀 79%(중국산쌀 63%, 국산쌀 16%)

④ 쌀 79%(국산쌀 16%, 중국산쌀 63%)

225. 멥쌀 10kg(국산쌀 5kg, 미국산쌀 3kg, 중국산쌀 2kg), 소금 130g, 설탕 1.3kg, 물 1.3kg, 검은콩(국산) 2kg로 콩설기를 할 경우 가장 간단한 원산지 표시로 옳은 것은?

① 멥쌀 68%(국산, 미국산, 중국산)

② 멥쌀 68%(국산 50%, 미국산 30%, 중국산 20%)

③ 멥쌀 68%(국산 50%, 미국산 등 50%)

④ 멥쌀 68%(국산 50%, 미국산 등 50%), 검은콩 14%(국산)

226. 2007년 3월부터 6월까지는 국산 쌀 70%를 떡 제조에 사용하고 7월부터 12월까지는 중국산 쌀 70%를 사용하고, 2008년부터는 미국산 쌀 70%를 사용하고 있다. 제품의 원산지 표시로 옳은 것은?

① 쌀 70%(수입산)으로 표시할 수 있다.

② 반드시 쌀 70%(미국산)이라고 표시해야 한다.

③ 쌀 70%(미국산)이라고 표시하면 안 된다.

④ 쌀 70%(수입산)이라고 표시하면 안 된다.

227. 찹쌀 10kg(국산), 소금 130g, 물 1kg, 설탕 1kg, 대추채 500g(국산), 호두 500g(중국산), 잣 500g(미국산), 팥앙금가루 3kg(중국산), 계피가루 1kg로 구름떡을 만들었다. 가장 간단한 원산지 표시로 옳은 것은?

① 찹쌀 57%(국산)

② 찹쌀 57%(국산), 팥앙금가루 17%(중국산)

③ 찹쌀 57%(국산), 팥앙금가루 17%, 잣 3%(미국산)

④ 찹쌀 57%(국산), 팥앙금가루 17%(중국산), 계피가루 6%(중국산), 잣 3%(미국산), 호두 3%(중국산), 대추채 3%(국산)

228. 식품위생법에 규정된 허위표시 또는 과대광고에 해당하지 않는 것은?

① 사행심을 조장하는 내용의 광고　　② 제품의 영양성분 표시

③ 질병치료의 효능 표시　　④ 주문쇄도, 단체추천 등의 표현

해답　224.②　225.④　226.①　227.①　228.②

229. 식품위생법 제10조와 관련하여 식품 등의 표시기준 중 표시의 목적이 아닌 것은?

① 소비자에게 올바른 정보제공
② 위생적인 취급 및 안전성 확보
③ 건전한 상거래 유통질서 확립
④ 재고파악을 용이하게 하기 위해

230. 식품위생법 제10조와 관련하여 식품 등의 표시기준 중 표시 방법이 아닌 것은?

① 지워지지 아니하는 잉크, 각인 또는 소인 등을 사용하여 한글로 표시한다.
② 한자나 외국어를 혼용하여 사용할 수 없다.
③ 소비자에게 판매하는 제품의 최소 판매단위별 용기 포장에 표시하여야 한다.
④ 소비자가 쉽게 알아볼 수 있도록 눈에 띄게 바탕색과 구별되는 색상으로 표시한다.

231. 다음 식품 또는 식품 첨가물 중 식품 등의 표시대상이 아닌 것은?

① 식품제조·가공업 및 즉석판매제조·가공업의 신고를 하여 제조·가공하는 식품
② 식품첨가물제조업의 허가를 받아 제조·가공하는 식품첨가물, 수입식품 또는 수입식품 첨가물
③ 식품소분업으로 신고를 하여 소분하는 식품 또는 식품첨가물
④ 식용얼음의 경우 5kg 이상의 포장 제품

232. 다음 자연 상태의 식품 중 식품 등의 표시대상이 아닌 것은?

① 식품의 보존을 위하여 비닐랩 등으로 포장하여 관능으로 내용물을 확인할 수 있도록 투명하게 포장한 식품
② 식품의 보존을 위하여 진공포장하여 관능으로 내용물을 확인할 수 있도록 투명하게 포장한 식품
③ 포장하거나 용기에 넣은 식품
④ 수입 농·임·축·수산물로서 포장하거나 용기에 넣은 식품

233. 다음에서 식품 등의 표시사항이 아닌 것은?

① 제품명
② 식품의 유형
③ 업소명 및 소재지
④ 제조자와 업주명

234. 다음 식품 등의 표시사항 중 유통기한 등에 대해 잘못 말한 것은?

① 제조연월일을 표시해야 한다.
② 유통기한 또는 품질유지기한을 표시해야 한다.
③ 식품첨가물도 유통기한 또는 품질유지기한을 표시해야 한다.
④ 기구 또는 용기·포장은 유통기한 또는 품질유지기한의 표시사항에서 제외한다.

해답　229. ④　230. ②　231. ④　232. ①　233. ④　234. ③

235. 다음 식품 등의 표시사항 중 성분명 및 함량 등에 대해 잘못 말한 것은?

① 내용량

② 원재료명 및 함량

③ 모든 제품은 성분명 및 함량을 표시해야 한다.

④ 영양성분

236. 다음의 표시사항의 적용특례 중 잘못된 것은?

① 즉석판매제조·가공업의 영업자가 자신이 제조·가공한 식품을 진열 판매하는 경우로서 표시사항을 진열상자에 표시하거나 별도의 표지판에 기재하여 게시하는 때에도 개개의 제품별 표시를 해야 한다.

② 절임식품, 두부류 또는 묵류를 운반용 위생 상자를 사용하여 판매하는 경우에는 그 운반용 위생상자에 업소명 및 소재지만을 표시할 수 있다.

③ 수출식품에 대하여는 수입자의 요구에 따라 표시할 수 있다.

④ 수입되는 식품 등 중 용기·포장에 넣어지지 아니한 자연 상태의 농·임·축·수산물은 한글표시를 생략할 수 있다.

237. 다음 중 영양성분 표시를 생략할 수 있는 식품이 아닌 것은?

① 즉석판매제조·가공업자가 제조·가공하는 식품

② 최종 소비자에게 제공되지 아니하고 다른 식품을 제조·가공 또는 조리할 때 원료로 사용되는 식품

③ 식품의 포장 또는 용기의 주표시면 면적이 30㎠ 이하인 식품

④ 즉석섭취식품 중 김밥, 햄버거, 샌드위치

238. 다음 중 보건복지부령으로 정하는 영양표시 대상식품이 아닌 것은?

① 장기보존식품   ② 떡류

③ 식용유지류   ④ 빵류 및 만두류

239. 다음 중 스티커 또는 라벨을 사용할 수 있는 표시사항의 적용특례에 해당하는 경우가 아닌 것은?

① 제품포장의 특성상 잉크·각인 또는 소인 등으로 표시하기가 불가능한 경우

② 통·병조림 및 병제품 등의 경우

③ 소비자에게 직접 판매되지 아니하고 식품제조·가공업소 및 식품첨가물 제조업소에 제품의 원료로 사용될 목적으로 공급되는 원료용 제품의 경우

④ 식품의 안전과 관련이 없는 업소명 및 소재지 등 경미한 표시사항

제병관리사 필기시험문제집

©한국떡류식품가공협회, B&CWORLD 2014 Printed in Korea

저자	김재현 외
초판 1쇄	2014년 8월 1일
발행처	(사)한국떡류식품가공협회
기획 제작	(주)비앤씨월드
주소	서울시 강남구 청담동 40-19 서원빌딩 3층
연락처	Tel (02)547-5233, Fax (02)549-5235
인쇄소	신화프린팅
ISBN	978-89-88274-97-2 13590
가격	15,000원

이 도서의 국립중앙도서관 출판시도서목록(CIP)은 서지정보유통지원시스템 홈페이지(http://seoji.nl.go.kr)와
국가자료공동목록시스템(http://www.nl.go.kr/kolisnet)에서 이용하실 수 있습니다.(CIP제어번호: 2014022446)